八旬老翁向有缘人敬茶

事 茶 行
道 茶 悟
缘 茶 享
福 茶 得

谨以此书 献给有缘之人

陆羽雕塑

古茶树（一）

古茶树（二）

西湖龙井

碧螺春

信阳毛尖

六安瓜片

祁门红茶

福鼎白茶

大红袍

铁观音

普洱茶

安化黑茶

君山银针

茉莉花茶

蒙顶山茶祖圣地

大红袍产地

采西湖龙井茶

炒茶

《千里江山图》中的茶具套组

国家级高级评茶师洪惠蓉品鉴茶

茶 悟

——从《茶经》谈开来

白人朴　编著

中国农业出版社

北　京

图书在版编目（CIP）数据

茶悟：从《茶经》谈开来 / 白人朴编著. —北京：
中国农业出版社，2022.11
ISBN 978-7-109-30138-2

Ⅰ.①茶… Ⅱ.①白… Ⅲ.①茶文化—中国②《茶经
》—研究 Ⅳ.①TS971.21

中国版本图书馆CIP数据核字（2022）第185275号

茶悟——从《茶经》谈开来
CHAWU——CONG《CHAJING》TANKAILAI

中国农业出版社出版
地址：北京市朝阳区麦子店街18号楼
邮编：100125
责任编辑：程 燕
版式设计：李文强 责任校对：吴丽婷
印刷：北京通州皇家印刷厂
版次：2022年11月第1版
印次：2022年11月北京第1次印刷
发行：新华书店北京发行所
开本：700mm×1000mm 1/16
印张：13.5 插页：3
字数：170千字
定价：68.00元

前　言

　　唐人陆羽（公元733—804年）集一生所学所研，于47岁（公元780年）写成了经典著作《茶经》，这是中国古代（至中唐）有关茶事的系统总结，是世界上第一部茶学专著，是标志茶文化兴起和发展的一块奠基石，一座里程碑。《茶经》文字精练，内容丰富，全书共7 000余字，系统地总结了我国中唐及以前有关茶的起源、茶叶产地、制茶工具、茶叶采摘和制茶要领、煮茶和饮茶器具、煮茶方法、茶之饮用、茶事典故、茶事方略及饮茶之道等知识，共十章。第一章（一之源）是总论，第十章（十之图[①]）是写书意图的总结，第二章至第九章（二之具、三之造、四之器、五之煮、六之饮、七之事、八之出、九之略）是分论。总论是纲，分论是目，全书纲举目张，系统全面，比喻生动，楚楚动人。《茶经》问世使茶叶生产和消费自此有了比较完整的经验总结、理论概括和行为指南，对茶产业发展和茶文化兴起有着前所未有的巨大推进作用。历史上有茶兴于唐之说，陆羽因此被后人尊奉为"茶圣"，祀为"茶神"。

　　如今笔者细读《茶经》，仍深受启迪，感悟良多，受益匪浅，于是提

---

　　① 对"十之图"的理解，有人认为就是指《茶经》挂图。即把《茶经》的内容书写张挂出来供人观看，目击而存。笔者的感悟是作者用"十之图"表明写《茶经》的意图。写书是为人看、为人用的。在当时的传播条件下（印刷、书写传抄），把《茶经》内容书写张挂出来，便于传播，从而就达到了写书的目的。"目击而存，于是《茶经》之始终备焉"。

笔写"读《茶经》感悟",不是"解读",不是"述评",而是个人"感悟",或称学习笔记。"解读""述评"是权威所为,"感悟"就是读者的学习笔记,个人心得体会。因为每个人的感悟可能有所不同,但都应力求正确理解原著所总结的经验、倡导的精神及写作的时代背景,再联系当今实际,跟上时代前进的步伐。

在写作过程及与朋友的交谈中,常把"读《茶经》感悟"简化成"茶悟",这样较为简便、顺口,认识茶、享用茶、有所悟,大家也能理解接受。所以此书名就用《茶悟——从<茶经>谈开来》。承古启今,将学习、继承、发展、弘扬统一起来,行茶事、悟茶道、享茶缘、得茶福,从未停止的步伐持续向前,努力推进新时代茶文化、茶产业、茶科技的新发展。

感谢宋毅、洪惠蓉、陈开义为本书提供照片。

陆羽简介

陆羽

陆羽（公元733—804年），字鸿渐，号竟陵子、桑苎翁，唐复州竟陵（今湖北省天门市）人。有人评价他："貌丑，但很有主见，有才善辩，很讲诚信。"

陆羽出生于唐开元二十一年（公元733年），身世坎坷。三岁时被遗弃于石桥下，幸得竟陵龙盖寺住持智积大师抱回抚养。陆羽在寺庙中成长，学习识文断字，习诵佛经，还学会了煮茶、奉茶。智积大师（尊称积公）大师在教陆羽习义诵经的同时，又教了他煎茶。陆羽的煎茶技能长进很快，以至积公非陆羽煎的茶不饮。近十年的寺院生活，为陆羽以后择茶为己任，专于茶道打下了良好的基础。因不愿皈依佛门，陆羽12岁时离开龙盖寺，投奔杂耍戏班，当了伶人。凭其聪颖幽默，很快成为一名演技出色的滑稽演员（优伶），并得到竟陵太守李齐物的赏识。唐玄宗天宝五年（公元746年），13岁的陆羽经李太守介绍去火门山（今天门市佛子山）邹夫子邹坤处读书。陆羽拜师后，倾倒于邹公的学识，潜心读书，书法有所长进。他在读书之余，常去采摘野生茶，为邹夫子煮茗，供其品饮。邹夫子见陆羽攻读之余，不忘茶事，爱茶成癖，为了却陆羽心愿，便放他回竟陵。陆羽拜别恩师，从此一生嗜茶，专于茶道。为了广泛汲取茶事知识，陆羽21岁时（公元754年）开始出游，实地考察茶事。他离开竟陵，北上义阳郡（今河南信阳），经归州（今湖北秭归），转道襄州（今湖北襄阳），于公元755年抵达巴山峡川（今重庆、湖北西部地区），陆羽品尝巴东真香茗、宜昌峡州茶，他还见到了两人合抱的大茶树，在峡州（今湖北宜昌）的蛤蟆口，陆羽品尝蛤蟆泉水。之后，他继续走访彭州、绵州、蜀州、邛州、雅州、汉州、泸州、眉州八州（今四川境内）。随后走访江西、安徽、江苏、浙江等地茶区。陆羽一路游历名山大川，探泉问茶，品泉水、饮名茶、研茶道，搜集了大量茶事资料。唐肃宗上元元年（公元760年），陆羽到浙江湖州考察长兴顾渚山的紫笋名茶，写出《顾渚山记》，此后隐居于顾渚山村开始写《茶经》，时年27岁。在此期间他结识了诗僧皎然，曾同居于杼山妙喜寺，后隐居于苕溪，闭门写书，不杂非类，过起了潜心著书、煮品香茗的隐居生活。隐居期间，陆羽与高僧名士密切交往，共研茶道，他在《陆文学自传》（陆羽曾诏拜为太子文学，所以称陆文学）中，对进深山、采野茶的辛苦情景有所描述："上元初，隐苕溪，自称桑苎翁，阖门著书。或独行野中，诵诗击木，自曙达暮，至日黑兴尽，徘徊不得意，或恸哭而归。"高僧灵一记有一首描写陆羽探茶行径的诗，"披露深山去，黄昏蜷佛前。耕樵皆不类，儒儒又两般。"关心陆羽的皎然，在陆羽采茶写作期间，还邀他赏菊品茗助茶香，并作诗相勉曰，"九日山僧院，东篱菊也黄。俗人多泛酒，谁解助茶香。"陆羽在《不羡与羡歌》（又称"六羡歌"）中表达了他不羡名利而羡慕自然的人生境界："不羡黄金罍，不羡白玉杯；不羡朝入省，不羡暮入台。千羡万羡西江水，曾向竟陵城下来。"公元763年，陆羽到杭州考察茶事，住在灵隐寺，与住持道标相识，结为至交，并对天竺寺、灵隐寺两座名寺所产的茶及茶的品第作了评述。此后，陆羽还几度到灵隐寺与道标探讨茶道，著有《天竺灵隐二寺记》，并不断补充丰富《茶经》的内容。终于在唐建中元年（公元780年），陆羽完成了《茶经》巨著，时年47岁。他从21岁踏上探茶之路，到47岁完成《茶经》，历经26年；他从27岁开始撰写《茶经》，到47岁《茶经》正式问世，精研细写20年，著出世界上第一部茶学专著。在《茶经》问世后，社会名流目击而存，争相传抄，广受好评，从而促进了茶业大兴。陆羽声誉日高，以他的人品、茶学知识和茶艺，名震朝野。陆羽晚年仍坚持出行考察茶事，唐贞元二十年（公元804年）陆羽在湖州逝世，享年71岁。基于他对茶业的重大贡献，后人誉他为"茶仙"，尊为"茶圣"，祀为"茶神"，世代传颂，永世敬奉。

□ 附：陆羽与著名诗僧皎然感情深厚

陆羽曾与诗僧皎然同居湖州杼山妙喜寺，结为忘年之交。后因潜心著书移居至城郊外一幽静之处。野径桑麻，篱笆黄菊，闭门写书，隐士风韵。其间，皎然去造访，叩门无人，询问邻居，得知陆羽到山中去了，每天夕阳西下时才回来。于是留诗一首，从侧面衬托出陆羽飘然无拘，超脱世外的隐士形象。

寻陆鸿渐不遇

作者：皎然

移家虽带郭，野径入桑麻。

近种篱边菊，秋来未著花。

叩门无犬吠，欲去问西家。

报道山中去，归时每日斜。

目 录

CONTENTS

第一章
关于《茶经》总论：一之源

　　茶经开篇"一之源"（茶的起源）是全书的总论。写了人们对茶认识的渐进过程，对茶的定义、茶树性状、茶字由来、茶的五个不同称谓，以及生长茶的土壤、宜茶环境、茶之鉴别、饮茶要领、宜饮茶人、茶的功效及茶事艰辛等做了总揽全局的概括，为分论进一步展开奠定了基础。

一 茶的定义及茶树

"茶的起源"从茶的定义和茶树说起，因为有茶树才有茶叶，有茶叶才有饮用茶，茶树为茶之源。《茶经》将茶定义为我国南方的"嘉木"，"茶者，南方之嘉木也"，指茶树是生长于我国南方的优良树木，为后文进一步阐述茶具有药用、保健功能、经济价值和文化价值埋下了伏笔。接着，陆羽形象地描述了茶树的大小、高矮、叶、花、果实、茎、根等形态特征。如今《新华字典》将茶树表述为"常绿灌木，开白花。嫩叶采下经过加工就是茶叶，用茶叶沏成的饮料就是茶"。陆羽见到的茶树高矮有一尺、二尺乃至数十尺之分，在巴山峡川（今重庆、湖北西部一带）有要两人合抱的大茶树（"其巴山峡川，有两人合抱者，伐而掇之。"）。所见茶树

既有人工栽培的矮小灌木，又有野生的高大乔木。《茶经》的记载在某种意义上为证明我国是茶树原产地提供了有力的证据，我国产茶历史悠久，西南地区是我国茶树的原产地。据史料《华阳国志》记载，约公元前1 000多年，周武王伐纣灭商立周时，便有巴蜀诸侯以茶叶作为"纳贡"的珍品，这是我国早期有用茶叶作为贡品的历史记载。可见我国茶叶的发源地在西南地区是有根据的。

二 "茶"字及"茶"名的由来

总论记述了"茶"字、"茶"名的由来。自古以来，人们对茶有着不同的认识，因而对其字、其名也有着不同的表述和称谓，一直未能统一。陆羽的贡献是写《茶经》时将有关史料——记述下来，并注明出处，最终寻求了统一。关于"茶"字的由来，《茶经》记述其字有三个：茶、槚、荼。"其字，或从草，或从木，或草木并"。根据是，"从草，当作茶，其字出《开元文字音义》；从木，当做槚，其字出《本草》；草木并，作荼，其字出《尔雅》。"周公旦《尔雅》称，"槚，苦荼"。如今《新华字典》注明：荼tú，①古书上说的一种苦菜；②古书上指茅草的白花，如火如荼。《茶经》记述茶的名称有五个：一曰茶（出自唐玄宗撰《开元文字音义》）、二曰槚（出自周公《尔雅》。今《新华字典》注明：槚jiǎ茶树的古名）、三曰蔎（出自杨执戟《方言》："蜀西南人谓荼曰蔎。"）、四曰茗、五曰荈（出自郭弘农《尔雅注》："早取为荼，晚取为茗，或一曰荈耳，蜀人名之苦荼。"），陆羽将这些不同称谓列出并注明出处，是为寻求统一寻找依据。由于"茶"字的出处来源于唐玄宗所撰的《开元文字音义》，是御撰，定名为"茶"，具有权威性，从而确定了"茶"字和"茶"名。唐代以前汉字中没有"茶"字，只有"荼"字，"茶"字脱胎于"荼"字，只比"荼"字少了一横，所以说，"茶"字、"茶"名起源于唐。唐玄宗编撰《开元文字音义》，凡三百二十部，唐玄宗为此书作序说，这是与《说文》《字林》相类似的字书。"茶"字出现在其中的三十卷，将"荼"字略去一笔，定为"茶"字。由此可知，"茶"字是唐玄宗以御撰的形式定下来的，此前并无"茶"字。但这个新字刚开始使用时，新旧文字"茶"与"荼"必然会通用一段时间。陆羽写《茶经》时，能在"荼"字仍为很多人所沿用的情况下，把茶、槚、荼的缘由说清楚，果断地在书中一律用"茶"字，从而使"茶"字能广泛流传，由此可见这是他独具卓识的一个创举，一大贡献。此后，随着茶叶生产贸易的更大发展，音义专用的"茶"字终于被人们普遍接受，通用至今。现在我们理解中国人创造"茶"字，富有人性、智慧，有其自然和人文的意义。陆羽写"茶者，南方之嘉木也"，从自然意义来说，茶，首先是指茶树。陆羽写茶树有一尺、二尺乃至数十尺，指大多茶区的茶树为人工栽培的灌木型植株，而在巴山峡川看到的达数十尺的野生大茶树，则属于高大乔木。可见，茶树善处自然，不争乔木、灌木高低，有大、中、小叶种并存，不与天时争强弱，不与地理争优势。因此，茶树有跨灌木、乔木两界的自然形态，茶字的表述上既从草（可指灌木），又从木（可指乔木）；茶字上有草字头（艹），也可理解为茶叶为草，下有木字根（木），还可理解为以树干为木，在草木之间是"人"，显示出茶的人文特性。茶之为用，关键要素是人，人的需求，人的作用。草和木之间是人，代表着茶是人制作和享用的，草、木、人相结合，相统一为茶，草木自然因素是根本，人的作用是关键，是人在生产制造茶，将茶的草木特性充分地发挥出来，为人享用，这颇有人与自然相统一的意味。

关于"茶chá"字音的由来，民间还有一个传说。炎帝神农氏的肚皮是透明的，五脏六腑可以看得清清楚楚。神农尝百草时不幸中毒，得茶而解之。《茶经》中说："茶之为饮，发乎神农氏。"人类最初是吃茶叶的，嚼食，后来改为煮饮，再后来才冲泡饮茶。当神农氏吃下茶叶时，发现茶叶在肚子里"查来查去"到处流动，好像在查洗肠胃一样，故能解毒。因此称这种植物为"查（chá）"，到唐代才有了与"查"同音的"茶"字，以后便通称为"茶"了。

三 生长茶树的土壤及适宜产茶的环境

茶的起源还涉及生长茶树的土壤和适宜产茶的环境。土壤的理化性质差异直接关系到茶树生长和茶叶品质的好坏。《茶经》分述了生产茶的三种土壤土质："上者生烂石"，指适宜产茶的上等土壤是风化较完全、有机质含量较多的土壤——"烂石"，最适宜茶树生长发育，茶的品质也好；"中者生砾壤"，指适宜产茶的中等土壤是黏性较小，含砾粒较多的砂质土壤——"砾壤"；"下者生黄土"，指土质较差的下等土壤是质地较黏重，有机质含量较低的黄土。现代研究表明，适宜茶树生长的土壤，是pH在4.5～6.5，呈微酸性的土壤。《茶经》记载种茶树有两种方式：茶籽直播（穴播）和茶苗移栽。在唐代的农业技术条件下，凡是种茶不用种子直播，而用茶苗移栽的，一般很少长得茂盛。当然现代种茶技术，茶苗移栽（扦插）已可种出茂盛的茶树。如用种瓜方法种茶，三年即可采摘。关于适宜产茶的环境，《茶经》写了三条。一是"野者上，园者次"，即野生的茶好，茶园的茶次之。二是"阳崖阴林，紫者上，绿者次；笋者上，牙者次；叶卷上，叶舒次"，指生长在向阳山坡有树荫环境的茶，要从嫩叶的颜色、鲜嫩度和形态特征来鉴别优劣上下。从嫩叶颜色看，陆羽指出"紫者上，绿者次"；从叶芽的鲜嫩度鉴别，陆羽指出"笋者上，牙者次"。紫笋茶因此而扬名，在唐肃宗广德年间（公元763—764年）被列为贡茶，贡额不断增大，由开始的2斤，到唐代宗大历五年（公元770年）增加到

500串，约360斤，并被列为上等贡品，深受帝王喜爱。后来，唐代宗在浙江长兴顾渚山建造了中国第一座规模宏大的皇家茶厂——贡茶院，是由皇家设立的专为宫廷督造、研制、生产贡茶的宫焙茶院。每年春分，皇帝诏命相关刺史督造贡茶，太湖里画舫遍布，盛况空前，限定清明节前将贡茶送至长安。中晚唐近百年间，40多位刺史在顾渚山修贡督茶，故有"十日王程路四千，到时须及清明宴""牡丹花笑金钿动，传奏吴兴紫笋来""琼浆玉露不可及，紫笋一到喜若狂"等诗句。当时采茶工约三万人，工匠千余，采制贡茶。顾渚紫笋在唐代连续进贡，朝廷将贡额勒石立碑，定名"顾渚焙贡"。自唐朝经宋、元，再至明末，紫笋茶连续进贡800多年。顾渚紫笋茶作为贡茶是我国历史上进贡时间最长、制作规模最大、数量最多、品质最好的贡茶。紫笋茶不仅在宫廷备受欢迎，在民间也得到了众多文人墨客的喜爱，不少文人跋涉至紫笋茶原产地湖州长兴顾渚山，留下众多诗篇和摩崖石刻，成为珍贵的中华茶文化遗产。如顾渚村就是当年陆羽写《茶经》的地方，陆羽还在顾渚村置办了茶园。诗人钱起写诗云："竹下忘言对紫茶，全胜羽客醉流霞。尘心洗尽兴难尽，一树蝉声片影斜。"紫笋茶不仅可喝，还可用来制作菜肴。如，（1）直接用紫笋茶叶制成的"紫笋护国茶"菜肴，羹状，颜色油绿，口感清香，淡雅；（2）用茶叶、茶根、茶茎的汁水与菜肴一同烹制的"茶香迎贵宾"冷菜拼盘，使菜肴具有茶香味道；（3）"茶经酥雪鱼"菜肴的外形乃至命名，都传递着强烈的茶文化气息，这款菜造型成书本状，由紫笋茶点缀，外酥内松，颇具特色。可见，紫笋茶在民间享有相当高的盛誉和受欢迎程度。三是"阴山坡谷者不堪采掇，性凝滞，结瘕疾。"指生长在背阴山坡和沟谷的茶树，其茶叶不宜采摘食用，因生长在这样环境里的茶树，其性凝滞，阴气重，人饮其茶汤易患腹胀甚至结石，结肿块。

四 茶之鉴别

　　需要说明的是，嫩叶颜色"紫者上，绿者次"是唐代生产不发酵的蒸青饼茶，对茶叶原料颜色的要求和鉴别方法，已不符合当代绿茶生产的实际了。鉴别方法也有时代性差异，要与时俱进。当代绿茶不是饼茶，要求茶叶本色、成茶、汤色、叶底都为绿色，如好茶有"明前龙井绿"之说，所以不能说绿者次了。据2013年到顾渚村采访过的北京青年报记者罗劲松报道，他在顾渚村看到的明前紫笋茶芽叶是碧绿的。当地拥有野生紫笋茶古茶树的村民老查告诉他，书中记载唐代紫笋茶叶片有紫色的，但可能是随着时代和品种的演变，现在的第一茬明前紫笋叶片呈绿色，并非紫色，只有第二茬冒出来的芽叶会出现紫色，但第二茬带紫色叶的口感远不及第一茬绿色明前茶那么好。所以现在不能说"紫者上，绿者次"了。老查给记者罗劲松泡了一杯明前紫笋新茶，茶汤颜色碧绿，有淡雅的兰花香气，入口醇香回甘，令人不禁拍案叫绝，"这是龙井、碧螺春这些鼎鼎大名的绿茶从未表现出来的香气。"对于这个评价老查自豪地说："我家的紫笋茶没有一棵茶树是人工种植的，都是祖辈留下来的野生茶树，从不施化肥农药，所以你能闻到兰花香味。"这正所谓"我家奇品世上无"。

　　《茶经》写，从叶芽的鲜嫩度鉴别，芽头肥壮像笋状的嫩芽为上等，短而细瘦像象牙状的叶芽次之，所以说："笋者上，牙者次。"从叶芽的形态特征看，茶树新梢上芽叶卷着尚未展开的一芽一叶鲜嫩度好，持嫩性强，是上乘的茶叶原料，又称"旗枪"，可谓珍品；而茶树新梢上已经舒张开的幼叶，一芽两叶的芽叶，又称"雀舌"，虽可称之为上品，但鲜嫩度和持嫩性都比尚未舒张开的叶卷差一些。所以说："叶卷上，叶舒次。"我国绿茶是历史上最早的茶类，也是世界上最大的绿茶生产国和出口国。我国绿茶好坏的传统鉴别方法是凭经验感觉，通过茶的色、香、味、形来区分优劣，现在为与国际接轨，让我国茶叶走向世界，就要用国际标准来鉴别茶叶的优劣了。

五 饮茶要领

　　《茶经》总论还写了饮茶要领和茶事艰辛。饮茶要领一是写茶人品德，二是写茶之功效及正确的饮用方法。"茶之为用，味至寒，为饮最宜精行俭德之人。"这句是指茶人要重品德，饮茶最适合精行俭德之人。做事认真，精益求精；行为端正，待人诚信；生活节俭，不铺张浪费；坚守仁德，无愧于心。这是陆羽对茶人的行为道德要求，饮茶不仅是一种物质享受，也会上升到更高的精神境界，从而便逐渐形成了茶文化。谈到茶之功效，《茶经》指出"若热渴、凝闷、脑疼、目涩、四肢烦、百节不舒，聊四五啜，与醍醐、甘露抗衡也。"这句指茶可清热解渴、提神、解闷、醒目、祛病，正确饮用有保健及药用功效，如不正确饮茶则有副作用。"采不时，造不精，杂以卉莽，饮之成疾"。即，选材不当，会饮之成疾。研究证明，焦味茶、霉变茶、串味茶等都不宜饮用。

六 茶事艰辛

　　本章最后，陆羽总结说，"茶为累也，亦犹人参""知人参为累，则茶累尽矣"。指茶与人参一样，也分上、中、下三等，甚至还有劣等。产地不同，产家不同，品质差异也很大。上等茶功效最好，中等次之，下等甚微，劣等饮用还会生病。因此，知道鉴别、选用人参的复杂性、重要性和困难，就完全能明白鉴别、选用茶的重要性、难处和茶事艰辛累人的原因了。在"六之饮"中，他又总结了从造到饮，"茶有九难"。茶事艰辛，茶事不易，这是陆羽一生的深切体会。这个体会给我们的启示是：陆羽一生的坚守和成功，是知难而上，知累而行，《茶经》是他坚守的成果，只有意志坚定，有远见卓识，不怕苦不怕累的人，才能体会到成功的来之不易。苦中有甜，累中有乐，才能得到真正的成功和幸福！

第二章 关于我国茶产地和茶类

我国有四大茶区、七大茶类。

一 我国四大茶区

我国有四大茶区、七大茶类。

《茶经》用"八之出"专章列出了我国唐代的茶产地。有8个道产茶，包含43个州郡。道，是唐代地方级别的行政区域建制，相当于现在的省；道以下设州（郡），相当于现在的地市一级，州（郡）以下设县。《茶经》列出的茶产地8道是：山南道6州（今湖北、重庆、四川、陕西、甘肃、河南等省份秦岭以南、长江以北部分地区及湖南衡阳、茶陵等地）、淮南道6州郡（今淮河以南、长江以北，湖北、安徽、河南部分地区）、浙西道8州（今长江以南，茅山以东，江苏苏州、无锡、常州、镇江、南京；浙江湖州、杭州、嘉兴；安徽宣城、黄山、祁门；江西婺源等部分地区）、浙东道4州（今浙江绍兴、宁波、舟山、金华、台州部分地区）、剑南道8州（今四川、云南、贵州及甘肃部分地区）、黔中道4州（今贵州、四川、湖南、湖北部分地区）、江南道3州（今长江以南福建、江西、湖北、湖南部分地区）、岭南道4州（今广东、广西、福建部分地区）。对以上前5道32州郡考察较细，对32州郡还分了5上、10次、17下三等。这是陆羽进行茶产地实地考察，收集资料以及对所能得到的茶叶样品进行综合研究后，得出的结果，其较为全面地反映了当时唐代茶叶产地的情况，是非常宝贵的历史资料。虽倾毕生之力，但个人能力总是有限的，陆羽实事求是地注明了尚有3道11州情况未详，"往往得之，其味俱佳"就说明这些州所生产出的茶叶是可信的。据此记载，在唐代我国已有8道43州产茶，茶区遍及现在的湖北、四川、浙江、湖南、贵州、江苏、福建、云南、安徽、江西、重庆、广东、广西南方13个省份及陕西南部（秦岭以南）、河南南部（淮河以南主要是信阳地区）、甘肃陇南（也在秦岭以南）等16个地区。这些茶区大多处于亚热带湿润季风气候区。秦岭是我国南北方地理分界线，为长江、黄河分水岭，秦岭以北河流属黄河水系，秦岭以南河流属长江水系。所以，陕西的陕南、河南的豫南、甘肃的陇南在地理上也属于南方。长江流域是中国茶树原产地和茶叶制作的发源地。所以《茶经》开篇说茶是我国南方的嘉木，茶生长在南方，是科学、可信的。我国茶产地在唐代就达到了8道43州的规模，形成了四大茶区的基本格局，分别是西南茶区（长江上游）、江南茶区（长江中下游）、江北茶区（长江以北，秦岭以南）、华南茶区（地跨北回归线）。

茶树喜山、喜水、喜温暖湿润，适宜生长在有山有水、多云雾，温度和湿度适宜的地方。研究表明，适宜茶树生长发育的自然条件、生态环境可用一些指标表示。如：①土壤pH4.5~6.5，呈微酸性；②年平均气温在14℃以上，多在15~25℃；③年降水量在1 000毫米以上，多在1 500~2 000毫米；④空气相对湿度80%左右，多在75%~80%；⑤年无霜期200天以上。

如今，我国茶产区进一步扩大，列入《中国统计年鉴》的产茶省份已有21个。目前我国有900多个县产茶，茶园面积已超300万公顷，茶叶年产量达290多万吨，茶农8 000多万人。茶区主要分布在亚热带、热带、暖温带三个气候带区域内：四大茶区有西南茶区（含云南、四川、贵州、重庆产茶区）、江南茶区（含浙江、湖北、湖南、安徽、江西、江苏产茶区）、华南茶区（含福建、广东、广西、海南产茶区）、江北茶区（含陕西、河南、山东、甘肃产茶区），有关资料见附表1。

附表1

我国茶叶产地有关资料

地区		气候特点	年平均气温（℃）	年降水量（毫米）	年无霜期（天）	茶园面积（万公顷）		茶叶年产量（万吨）	
						面积	排序	产量	排序
西南茶区	云南	属亚热带、热带高原型湿润季风气候。地跨北回归线	13～20	1 000～1 500	200～250	46.66	1	42.3	1
	四川	东部盆地，属亚热带湿润季风气候	16～18	750～2 000	>300	37.54	3	30.1	4
	贵州	属中亚热带湿润季风气候。是我国阴天最多的省份，"天无三日晴"	10～20	1 100～1 400	210～270	46.58	2	18.0	6
	重庆	属中亚热带湿润季风气候。冬春多雾，重庆有"雾都"之称	13～18	1 100～1 300	210～350	4.24	14	4.2	14
江南茶区	浙江	属亚热带湿润季风气候	15～19	1 500左右	220～270	20.02	6	17.5	7
	湖北	属亚热带湿润季风气候。具有南北过渡性气候特征	13～18	800～1 500	230～300	32.15	4	33.0	3
	湖南	属亚热带湿润季风气候。具有南北过渡性气候特征	15～18.5	1 200～1 700	260～300	16.50	8	21.5	5

（续）

地区		气候特点	年平均气温（℃）	年降水量（毫米）	年无霜期（天）	茶园面积（万公顷）		茶叶年产量（万吨）	
						面积	排序	产量	排序
江南茶区	安徽	淮河南属北亚热带湿润季风气候。全省具有南北过渡性气候特征	14～17	750～1 700	200～250	17.63	7	11.2	8
	江西	属亚热带湿润季风气候	16～20	1 300～1 900	240～300	10.35	11	6.5	12
	江苏	中南部广大地区属北亚热带湿润季风气候。全省具有南北过渡性气候特征	13～16	800～1 200	200～240	3.37	15	1.4	16
	福建	属中亚热带、南亚热带湿润季风气候。邻近北回归线	17～22	1 000～1 900	220～330	21.09	5	41.8	2
华南茶区	广东	地跨北回归线。大部分地区属南亚热带湿润季风气候	>19	1 500～1 600	除粤北山区外，全年无霜	6.34	13	10.0	9
	广西	地处北回归线两侧。属中亚热带、南亚热带湿润季风气候	17～23	1 500～2 000	>300 沿海地区全年无霜	7.17	12	7.5	10
	海南	属热带湿润季风气候。具有海洋性气候特征	22～27	1 500～2 400	全年无霜	0.20	18	0.1	18

（续）

地区		气候特点	年平均气温（℃）	年降水量（毫米）	年无霜期（天）	茶园面积（万公顷）		茶叶年产量（万吨）	
						面积	排序	产量	排序
江北茶区	陕西南部	秦岭南属北亚热带湿润季风气候	16左右	1 000	210~240	13.59	9	7.1	11
	河南南部	伏牛山山南属北亚热带湿润季风气候	15左右	1 100	230	11.57	10	6.3	13
	山东东南部	半岛东端属暖温带温润季风气候	14左右	950	220	2.31	16	2.2	15
	甘肃南部	陇南在秦岭以南，白龙江属长江水系，属暖温带半湿润季风气候	14左右	800	220~280	1.21	17	0.1	17

注：表中茶园面积、茶叶年产量是2018年数据。2018年全国茶园面积为298.6万公顷，茶叶年产量261万吨。

表中列出了茶园面积在2 000公顷以上，茶叶产量在0.1万吨以上的18个省（自治区、直辖市）的资料，山西、河北、西藏因茶园面积、茶叶年产量较少未列入。

二　我国七大茶类及区域特色

目前，我国茶园面积和茶叶产量稳居世界第一位。2020年我国茶园面积已有316.5万公顷，茶叶年产量297万吨，是世界第一茶叶生产大国，产量约占世界茶叶产量的44%以上。由于中国制茶历史悠久，各地根据自身自然生态条件差异，制茶方法也各有特色并不断创新，所以生产出的茶叶种类很多，是世界上生产茶类最多、最齐全的国家，这充分彰显了中国人的勤劳与智慧。2014年我国发布了茶叶分类的国家标准（GB/T 30766—2014），现在我国的茶叶生产，依据制茶方法和茶多酚氧化程度的不同，将茶叶分为六大类：不发酵的绿茶、微发酵的白茶、轻发酵的黄茶、半发酵的乌龙茶（青茶）、全发酵的红茶、后发酵的黑茶（普洱茶）六大基本茶类。因为茶多酚的氧化聚合物随氧化程度由浅入深，茶叶颜色则发生由绿色向黄色、橙色、红色、黑褐色渐变。此外，还有一类是以上述基本茶类的茶叶为原料（茶坯），经添加一些配料再加工，制成一类"新茶"，称再加工茶（如花茶等）。所以笔者认为如今茶叶可分为七大类，我国七大茶类简介见附表2。中国是世界上茶类最多、最全的国家，并拥有世界上很有影响力的名茶品牌。分述如下。

1.绿茶。绿茶是我国历史上出现最早的茶类，是唯一制作时不发酵，保持绿色特征的茶，成茶、汤色、叶底均呈绿色，属不发酵茶。绿茶整个制作过程使鲜叶没有发酵的湿度、温度条件和发酵的机会（时间），关键工艺是杀青。杀青是通过高温使鲜叶失去部分水分，散发青臭气，抑制酶的活性和促氧化作用，使叶片保持绿茶本色，茶叶变得柔软，便于揉捻成形，具有清香。

绿茶是我国产量最多的茶类，约占全国茶叶总产量的三分之二，生产绿茶的省份也是各类茶叶中最多的。据2017年的统计资料，我国生产万吨以上绿茶的省份有16个，依次是云南、四川、湖北、浙江、贵州、福建、安徽、湖南、陕西、河南、江西、广西、广东、重庆、山东、江苏，另外还有生产早春绿茶的海南。知名品牌和产地是西湖龙井（浙江杭州）、洞庭碧螺春（江苏苏州）、黄山毛峰（安徽黄山）、庐山云雾茶（江西九江庐山）、信阳毛尖（河南信阳）、六安瓜片（安徽六安），以上名茶都在我国1959年评选出的全国十大名茶榜之列，驰名中外。我国十大名茶，绿茶占六席，而且前三名都为绿茶。可见绿茶在我国茶叶发展中的重要地位和深远的影响力，其中排名第一的西湖龙井，素有"国茶"之称，以"色翠、香郁、味甘、形美"四绝闻名于世，也是2017年我国首次公布的中国十大茶叶区域公用品牌之首。2021年5月，"国际茶日"中国常驻联合国粮农机构代表处、中国驻意大利大使馆共同举办主题为"茶和世界，共品共享"品茶活动，活动的招待茶就是西湖龙井。在2017年公布的中国十大茶叶区域公用品牌中，绿茶品类还有四川雅安的蒙顶山茶和贵州省的都匀毛尖。2022年4月12日公布的中国十大茶叶区域公用品牌（价值评估前十）中，绿茶更占7席，西湖龙井仍稳居首位，其他6席分别是信阳毛尖、潇湘茶、洞庭山碧螺春、大佛龙井、安吉白茶、蒙顶山茶。

2. 白茶。白茶是一种表面满披白色茸毛的微发酵茶，发酵程度在10%～20%。白茶，色白银装，白毫不仅美观，而且茶氨酸含量很高，白毫中的氨基酸含量是叶片的1.3倍，这使白茶具有一种独特的"毫香"，是中国特有的珍稀茶类。白茶根据茶树品类、采摘取料标准和加工工艺不同，可细分为白芽茶（白毫银针）、白叶茶（白牡丹、贡眉、寿眉）及新工艺白茶等。

白毫银针

与其他茶类比较，白茶的制作方法特殊而简单，主要有萎凋和低温烘干两道工序。关键工序是萎凋，即将鲜叶利用日光自然晾干萎凋，直到白叶茶七八成干、白芽茶八九成干时，再进行低温烘干（白叶茶40～45℃，白芽茶30～40℃），文火慢烘至足干，则成白茶。白茶的整个加工过程既不杀青，也不揉捻，只轻微发酵，用这种特殊又精细的方法加工而成的白茶，不会破坏酶的活性，也不会促进氧化作用，这样才既能保持茶叶自然的毫香和茶汤的鲜爽，又能保持茶叶外形的自然形态。茶汤黄绿亮丽，香味独到，清新自然，带着淡淡回甘。白茶是世界上享有盛名的茶类珍品，是中国特产，有"世界白茶在中国"之说。由于白茶是微发酵茶，与不发酵的绿茶不同，白茶未经过高温杀青，茶叶中的活性酶未被破坏，可以存放发酵，而发酵的茶称为老白茶。据传白茶三年为药，七年为宝。白茶在存放过程中，茶叶中的茶多酚缓慢氧化聚合成茶色素，使茶汤的苦涩味逐渐降低，滋味变得更加醇和；香气也由新茶的毫香逐渐变为荷叶香、甜枣香；陈化过程中，有杀菌消炎作用的黄酮类成分不断增加，逐渐出现药香，保健功能增强。目前，我国白茶产量约占茶叶总产量的1.6%以上，主要品种和产地有：①白毫银针，白茶中的极品，原料主要为福鼎大白茶、政和大白茶春茶嫩梢的肥壮单芽，或用"抽针"（即采一芽一叶后，到室内剥去叶片，只用叶芽）制成（福建省宁德福鼎市、南平市政和县）；②白牡丹是白茶中的佳品，原料以福鼎大白茶、政和大白茶为主，也有用水仙茶种，采摘一芽二叶制成，因其绿叶夹银白色毫心，形似蓓蕾，冲泡后宛如牡丹初绽，故名白牡丹（福建省福鼎、政和、建阳、松溪等县市）；③贡眉，以菜茶（当地的有性群体茶树的别称）一芽二三叶制成，品质次于白牡丹，这种用菜茶芽叶制成的毛茶因芽毫瘦小，故称"小白"，与用福鼎大白茶、政和大白茶茶树芽叶制成的"大白"茶相区别（福建省南平市建阳区）、贡眉白茶（福建省漳州市、宁德市）；④寿眉，用制作白毫银针"抽针"时剥下的单叶，或白茶精制中的片茶按规格配制而成的白茶称寿眉（主产于福建福鼎）等。长期以来，白茶主要作为外销茶销往德国、日本、荷兰、法国、印度尼西亚、新加坡、马来西亚、瑞士等国家和地区，很多海外华人因思乡和个人喜好，不可一日无白茶。福鼎白茶被列为2017年公布的中国17个优秀茶叶区域公用品牌之首，位列2022年4月公布的中国十大茶叶区域公用品牌价值评估的第五位。

需要说明的是，我国浙江省湖州市安吉县生产的一种很有名气的茶叫安吉白茶。因为安吉县有一种罕见的茶树，叶片银白，芽叶是玉白色，所以叫安吉白茶，但它的制作工艺属不发酵的绿茶，与微发酵的白茶是不同的茶类，其制作是有杀青的绿茶制作工序的，比白茶的制作工序多且复杂。所以，按茶类分，安吉白茶属绿茶，是一种原料特殊的绿茶，而不是白茶。

3. 黄茶。轻发酵茶，发酵程度20% ~ 30%。制黄茶的基本工艺近似绿茶，只比制绿茶多了一道独特的闷黄工艺，即在一定湿热条件下，使茶叶在揉捻前后或初干前后进行闷黄轻微发酵，使茶叶颜色发生由绿到黄的变化，称为"黄变"。黄茶不仅叶黄，汤色也呈浅黄色至深黄色，形成了黄叶黄汤的特色，故名黄茶。闷黄不仅改变了黄茶的颜色，操作得当还可以改善茶的香味，香气清亮、鲜爽。黄茶品种按鲜叶鲜嫩程度可分为黄芽茶、黄小茶、黄大茶。主要品牌和产地是：①黄芽茶有君山银针（湖南岳阳，是1959年评选出的全国十大名茶之一）、蒙顶黄芽（四川雅安）、莫干黄茶（浙江）、霍山黄芽（安徽）；②黄小茶有湖南北港毛尖，浙江温州黄汤、平阳黄汤，湖北鹿苑茶等；③黄大茶有广东大叶青茶、安徽霍山黄大茶等。我国黄茶年产量约8 600吨，只占全国茶叶总产量的0.3%左右，在六大基本茶类中最少，但近年有增长的态势。

4.**乌龙茶**。也称青茶，是兼有绿茶与红茶特点的半发酵茶，发酵程度在按轻重有30%～80%之分。关键工序是做青（指摇青与摊置多次相间进行）。做青而不杀青，是在晒青、晾青的基础上，摇动叶片使其互相摩擦而使茶叶组织发生变化，促进茶多酚氧化，半发酵又不完全发酵，使茶叶生成茶红素、茶黄素，形成绿叶红边的特性，并散发出一种兰花香气。制作过程要根据鲜叶的肥厚把握摇青次数和做青摊置时间。摇青往往需要进行多次，做青摊置时间由短到长，摊叶厚度由薄到厚。做青适度的叶子，叶缘成朱砂色，有光泽，叶中央部分呈黄绿色，形成绿叶红边。所以乌龙茶既不杀青，也不全发酵，是介于不发酵茶（绿茶）与全发酵茶（红茶）之间的中性茶——半发酵，既有绿茶的清香鲜爽，又有红茶的浓烈甘醇。乌龙茶汤色黄亮，品饮后味鲜回甘，香味独特，深受人们喜爱，尤其受广大华侨和东南亚地区民众喜爱。

目前，我国乌龙茶产量约占全国茶叶总产量的12%，在七大茶类中居第二位。主要品种和产地是：①安溪铁观音，又称闽南乌龙茶（福建省安溪县）；②武夷大红袍，又称闽北乌龙茶、武夷岩茶（福建南平武夷山）。安溪铁观音是公认的乌龙茶极品，武夷大红袍素有"茶中状元"的美称，二者双双进入了1959年全国评选出的十大名茶之列，也都进入了2017年我国首次公布的中国十大茶叶区域公用品牌之列，享誉世界。乌龙茶还有冻顶乌龙茶（台湾名茶）、潮州凤凰单丛茶（广东乌龙茶）等。不同的乌龙茶有多酚类氧化程度（发酵程度）轻重不同之分，口感也有差异，适合不同人的喜好。口感从轻到重依次是台湾冻顶乌龙、安溪铁观音、武夷大红袍。

5. 红茶。红茶是全发酵茶，发酵程度在80%～100%。酶的反应程度越高，颜色越深。在六大基本茶类中，红茶和白茶是只用萎凋，不用高温杀青，不用抑制茶鲜叶内源酶活性的两个茶类。发酵，是红茶制作过程的关键工序，也是不同于其他茶类的独特工序。发酵是指使茶叶在一定温度、湿度、供氧条件下，发生一系列化学变化的过程，使鲜叶中的茶多酚充分氧化后含量减少（甚至几乎全部氧化），并产生茶红素、茶黄素等新成分，颜色由绿渐变成红，香气比鲜叶有明显提高。制成的红茶具有红叶红汤特征，味醇浓而甘香，因干茶色泽和茶汤颜色都为红色，故名红茶。由于红茶的茶多酚含量比绿茶少，对胃部的刺激性小，所以喝红茶不伤胃，还养胃，尤其寒冷季节泡上一杯红茶热饮，不仅暖身，还暖胃，颇受消费者欢迎。我国红茶产量约占茶叶总产量的10%，在六大基本茶类中虽低于绿茶、乌龙茶居第三位，但它有强劲的增长势头，性质稳定，较易储藏，市场广阔，发展潜力很大。红茶是全球生产和销售最多的一个茶类，尤其在欧美等西方国家和地区，红茶很受青睐。总体来说，红茶是世界人民最喜爱的饮料之一。

我国生产的红茶有工夫红茶（叶底完整）、小种红茶（福建生产的经特殊加工品质优异的红茶）、红碎茶（外形细碎，不再保持茶叶的原有形状，将茶叶加工成碎茶，以便于机械化、规模化生产和运输，提高效率、降低成本、饮用简便。加速了茶叶全球化进程。是目前国际市场销售数量最多的红茶）三个类别之分，主要品种和产地是：①祁门红茶，工夫红茶，安徽省黄山市祁门县，祁门红茶是工夫红茶中的珍品，是1959年全国评选出的十大名茶之一，是红茶唯一入选的名优产品，也是国际公认的世界三大高香红茶之一（按在国际市场上，中国祁门红茶、印度大吉岭红茶、斯里兰卡乌发红茶，被称为世界三大高香红茶）。英国人喜爱祁门红茶，茶商称为"祁门香"，皇家贵族以饮祁门红茶为高尚时髦，誉为"群芳最"，曾用此茶向皇后祝寿。在国际上祁门红茶以清香形秀著称。著名的工夫红茶还有号称"早优双绝"的四川宜宾金黄白露茶。②正山小种，福建省武夷山市，是从我国最先传到欧洲，后英国王后带入皇宫，深受人们喜爱的红茶。③金骏眉，福建省武夷山市，是以正山小种为基础精加工的著名红茶。④英德红茶，红碎茶，广东省英德市，英德红茶是2021年5月"国际茶日"中国常驻联合国粮农机构代表处、中国驻意大利大使馆共同举办的主题为"茶和世界，共品共享"品茶活动的三种招待茶之一。红碎茶适合加糖加奶加果料调饮，很受欧美地区人们欢迎。主要产品和产地还有滇红（云南勐海、凤庆、云县等地）、昭平红（广西昭平县）、湘红、海南红等。

6.黑茶。黑茶是后发酵茶，制作的关键又独特的工序是渥堆。所谓后发酵，是指制作过程在杀青、初揉后进行渥堆。渥堆是将揉捻好的茶叶堆放到潮湿的环境中进行湿热发酵，在湿热环境下，通过微生物作用，发生化学变化，使茶叶内含物质成分发生改变，生成一系列具有特殊滋味和香气的代谢产物。由于堆积发酵的时间足够长，湿热作用使茶叶中的多酚类物质充分氧化，减少了茶叶的苦涩味，使茶叶的色泽逐渐由绿变黑，黑褐光润、茶性温和，茶汤橙黄明亮，陈茶汤色红亮如琥珀，并具有独特的陈香。因为成品茶的茶色呈现油黑或黑褐色，故称黑茶。渥堆时间的长短，程度轻重都会直接影响黑茶成品茶的品质，使之呈现明显的差别，所以渥堆是决定黑茶品质的关键工序，而把握渥堆分寸的关键又是人，所以制茶工匠十分重要。黑茶成品形成团块具有后发酵作用，因此后发酵茶有越陈越香的特点。黑茶中的普洱茶有生茶和熟茶之分，生茶是自然条件下氧化发酵的，熟茶是人工进行快速发酵制成的。一般来说，普洱茶至少制成3年以上才能上市销售，因为三年是充分的后发酵期，如果没有经过充分的后发酵，对人体有刺激作用的茶多酚等物质就还没有来得及充分发酵分解。较合理的喝茶时间是：生茶在8～50年，熟茶在3～25年之间。我国黑茶产量大约占全国茶叶总产量的9%以上，居六大基本茶类第四位。我国黑茶的主要品种和产地有云南普洱茶和湖南安化黑茶，都被列入了2017年我国首次公布的中国十大茶叶区域公用品牌榜中。普洱茶主要产地在云南西双版纳，集散地在云南普洱。云南普洱茶也是2021年5月"国际茶日""茶和世界，共品共享"活动的三种招待茶之一，是2022年4月公布的中国十大茶叶区域公用品牌价值评估的第二位。安化黑茶主要产地在湖南省安化县。安化黑茶中著名的千两茶被台湾茶书誉为"茶中的极品""茶文化的经典"。茶学界称"千两茶世界只有中国有，中国只有湖南有，湖南只有安化有"，日本、韩国、东南亚地区收藏千两茶之风盛行，将千两茶作为镇店之宝。除此之外，黑茶还有四川边茶（四川黑茶，四川雅安的南路边茶康砖、金尖，如今更名为"雅安藏茶"）、陕西泾渭茯茶、湖北老青茶（蒲圻老青茶）、广西梧州六堡茶等。

　　黑茶品种还可细分，以湖南安化黑茶为例，还可分为三尖、黑砖、花砖、茯砖、青砖茶等。三尖茶，指天尖（是用一级黑毛茶压制而成的，外形色泽乌润，内质清香，滋味浓厚，汤色橙黄，叶底黄褐）、贡尖（是用二级黑毛茶压制而成，外形色泽黑带褐，香气纯正，滋味醇和，汤色呈橙黄，叶底黄褐带暗）、生尖（是用三级黑毛茶压制而成，外形色泽黑褐，香气平淡稍带焦香，滋味微涩，汤色暗褐，叶底黑褐粗老）。黑砖茶，因用黑毛茶作为原料，色泽黑润，成品块状如砖，故名黑砖，制作时先将原料筛分整形，风选拣剔提净，按比例拼配；机压时，先高温灭菌，再高压定型，检验修整，缓慢干燥，包装成砖茶成品。花砖茶，历史上叫花卷，若一卷成品茶净重老秤1 000两，称千两茶，净重100两，称百两茶

（100两=10市斤=5千克），其包装独特，外形挺拔，视觉冲击力强。"花砖"名称的来由，一是由卷形改砖形，二是砖面四边有花纹，以示与其他砖茶的区别，故名"花砖"。花砖茶的制造工艺与黑砖茶基本相同，压制花砖的原料成分总含梗量不超过15%。毛茶进厂后，要经筛分、破碎、拣剔、拼堆等工序，制成合格的半成品，再进行蒸压、烘焙、包装成品。花砖茶成品茶色泽黑润油亮，汤色橙黄，滋味醇厚，味中带蓼叶、竹黄、糯米香味、耐存放，越陈越香。千两茶与百两茶制作工艺完全相同，但制作时，茶小难度更大，对技师的工艺要求更高。千两茶、百两茶是湖南安化黑茶中的经典，尤以陈年茶为佳，现存50年之久的千两茶市值在200万元左右，韩国、日本等地以千两茶做镇店之宝，盛行收藏千两茶、百两茶。茯砖茶压制要经过原料处理、蒸汽渥堆、压制成型、发花干燥、成品包装等工序，茯砖茶特有的"发花"工序，即产生冠突散囊菌，要求砖体松紧适度，便于微生物的繁殖活动。砖茶从砖模退出后，不会直接送进烘房烘干，而是为促进发花，先包好商标纸，再送进烘房烘干。青砖茶，主要以老青茶为原料，经过多道工序制作后压制成长方砖形，其色泽青褐，香气纯正，茶汤红黄，叶底暗黑粗老。青砖茶的用料分洒面、二面和里茶三个部分，其中洒面、二面为面层部分，色泽棕色，味浓可口，香气独特。

黑茶需要保存在通风、干燥、无异味的环境下，因其属于后发酵茶，有越陈越香的特点，适宜长期保存，但要注意防潮、防湿，防止茶叶长毛霉变。如果发现黑茶发霉，生白毛，要及时放到通风干燥的地方，处理及时不会影响品质和口感，若不及时，便会发霉过心，出现黑、绿、灰霉，不能饮用。

7.花茶。又名香片茶。起源于宋代，北宋蔡襄著的《茶录》中有记载："茶有真香，而入贡者，微以龙脑，欲助其香。"这是如今见到的最早关于花茶窨制的简述。明代则有"茶饮花香，以益茶味"的花茶制法记述。明代顾元庆于嘉靖二十年删校了钱椿年所著的《茶谱》，其中"制茶诸法"一节中，就有茉莉花茶窨制技术的讲解，包括花茶窨法、原料选择、茶花量搭配、窨茶次数及焙干等都有记载。这说明我国明代花茶窨制技术就已发展到了一定程度。如今，花茶被列为再加工茶类，是以六大基本茶类的茶叶为原料（茶坯），与香花按一定比例拼和窨制而成。据传，老北京花茶的加工拼配，很讲究季节性，什么季节调什么口味最受消费者欢迎，调配原料比例是各家茶庄的独门秘籍，且花茶制作分帮分派，各有绝招，绝不外传。花茶制作过程的关键工序是窨花，指将按一定配比拌和在一起的茶叶与鲜花通过摊放，进行花料吐香、茶叶吸香的窨制过程。窨花有"窨得茉莉无上味，列作人间第一香"的美称。制作花茶时，窨花过程应视情况进行4~8次。花茶因所用的香花不同分为茉莉花茶、玫瑰花茶、白兰花茶、桂花茶，等等。花茶的主要产区有福建、北京、江苏、浙江、广西、广东、湖南、四川等；名牌产品有福建福州东来茉莉花茶、北京吴裕泰茉莉花茶、北京张一元龙毫茉莉花茶、江苏苏州茉莉花茶、浙江金华茉莉花茶、广西茉莉花茶、广西桂花茶等。

好花茶必须具备三个条件：茶坯好、鲜花好、窨制技术好。以茉莉花茶为例，茶坯要求是茶多酚、茶多糖、茶氨酸、茶碱四大茶叶特征成分全部达标的烘青茶，而且要求茶坯本身的香气不能太具个性，像大红袍、铁观音等茶就不适合用来做茉莉花茶。对茉莉花的要求是花蕾大、花朵肥、香味浓、花期长，茉莉花一般是在夏季开花，伏天七八月间半含半放的茉莉花是制作茉莉花茶的上品。所以茉莉花茶一般是在七八月开始窨制，经过一两个月的窨制时间，八九月新茶上市，是秋茶的佼佼者。茉莉花茶以新为贵，所以要喝当年采制的茉莉花茶。准备好了茶坯和花料，就得靠窨制过程来让茶坯吸收花香，制出上等的茉莉花茶。人们常说，好的茉莉花茶是集茶叶之美、鲜花之香于一体的艺术品。制茶最关键的环节便是窨制技术的把握，茉莉鲜花在酶、温度、水分、氧等作用下，分解出芳香物质。茶坯吸香是在物理吸附的作用下，吸香的同时也吸收了大量水分，由于水的渗透作用，在湿热环境下产生了化学吸附，发生了复杂的化学变化，所以真正高品质的茉莉花茶，香气来源于窨制过程的花吐香、茶吸香。通过多次窨制（一般为4~8次）让毛茶充分吸收花香，在花将失去生机，茶坯吸收水分和香气达到一定状态时，立即进行起花，把茶和花分开，有专人从茶中挑拣出干花，讲究的是茶中无花蒂、花叶，花渣中无茶叶，使花香融入茶体。正规茶行所售的茉莉花茶一般没有或者只有少量干花，但有个别品种，如以闽北茶为毛茶加工的碧潭飘雪，会撒上一些烘成的新鲜茉莉花花瓣加以点缀。低档的花茶因受成本所限，窨制的次数较少，为增加香气浓度会加少量的玉兰花，称为打底。只有少数不良商贩会以废花渣拌入茶叶，或者加以香精。所以购买茶叶最好选择比较正规、信誉较好的茶行，不要因贪一时便宜在不正规的商贩处买到劣质茶而后悔。优质的茉莉花茶干茶外形条索紧细匀整、色泽黑褐油润，冲泡后香气鲜灵持久，汤色呈黄绿明亮，叶底嫩匀柔软，滋味醇厚鲜爽，汤清味浓、芳香扑鼻、入口回味无穷。茉莉花茶干闻有幽香，凡有异味的品质一定不佳。

茉莉花茶一般分为六级：特级、一级茶所用茶坯原料嫩度好，常为一芽一叶、二叶或嫩芽多，芽毫显露，条形细紧；二级、三级茶所用原料嫩度稍差，基本是一芽二叶、三叶，无芽毫；四级、五级茶属于低档茶，茶坯原料嫩度差，基本是一芽三叶及梗片茶，条形松、大。

需要说明的是，目前市面上推出的各种花草茶，其实是不含茶叶成分或含少量茶叶成分的香草类饮品。花草茶是将所选植物的根、茎、叶、花或皮等加以煎煮或冲泡而产生芳香味道的草本饮料，虽叫花草茶却不是茶，比如香体花草茶（材料：玫瑰花、茉莉花、柠檬草、桂花）、美白淡斑茶（材料：牡丹花、玫瑰花、桃花）、祛痘祛印茶（材料：芦荟、菊花、苹果花、金银花）、入睡茶（材料：柑橙花、茉莉花），等等，都是花草而不是茶。

我国茶业，在新中国成立之后，尤其是改革开放以来，有了巨大发展。从1978年到2020年，我国茶园面积从104.8万公顷发展到了316.5万公顷，扩大了2倍多；茶叶产量从26.8万吨提高到297万吨，增加了10倍多。茶叶出口量如今达到35万吨左右。各大茶区都在努力发挥着自身优势，在快速发展的基础上，向绿色、高质量发展迈进，并呈现出了各自的特色。

西南茶区茶园面积约占全国的44%，茶叶产量约占全国的36%，面积、产量均居全国首位。其中绿茶产量约占全国的42%，黑茶产量约占全国的38%，红茶产量约占全国的34%。绿茶、黑茶、红茶是西南茶区茶产业的三大支柱。绿茶中的四川雅安蒙顶山茶（蒙顶甘露）、贵州都匀毛尖，黑茶中的云南普洱茶都是2017年公布的中国十大茶叶区域公用品牌，有各自的品牌优势和特色。红茶中的四川宜宾的黄金白露茶，有"早优双绝"之称。西南茶区茶园面积增加量明显大于茶叶产量的增加，表现出该茶区面积多、发展快的特点，但努力提高产量、质量和效益的任务仍很艰巨，实现高质量发展是该区茶业发展的主攻方向。

江南茶区茶园面积约占全国的34%，茶叶产量约占全国的35%，面积、产量均居全国第二位，但该茶区产值比西南茶区高，综合效益好，茶叶名气大。尤其是绿茶，在全国八大名牌绿茶中，江南茶区占五位，前三位的浙江西湖龙井、江苏洞庭碧螺春、安徽黄山毛峰，以及江西庐山云雾茶、安徽六安瓜片都在江南茶区。全国十大名茶中唯一的红茶类安徽黄山祁门红茶和唯一的黄茶类湖南岳阳君山银针也在江南茶区，还有全国十大茶叶区域公用品牌中的湖南安化黑茶，也在江南茶区。所以江南茶区是绿、红、黄、黑名茶汇聚之地，有很大的品牌优势。

华南茶区茶园面积占全国的12%左右，茶叶产量占全国的23%左右，有明显的效益优势。其中乌龙茶产量约占全国的92%，白茶产量约占全国的71%，红茶产量约占全国的31.4%，具有一定区域特色。安溪铁观音、武夷大红袍（武夷岩茶）都在全国十大名茶之列，还有福鼎白茶、正山小种红茶，也都是驰名中外。华南茶区特色明显，效益突出。

江北茶区茶园面积约占全国的10%，茶叶产量约占全国的6%，是我国茶业北进的开拓区。该茶区有全国十大名茶之一的河南信阳毛尖。茶区发展对脱贫攻坚、绿色发展、美化家园、乡村振兴、农民致富具有重要意义。

通过1959—2022年60多年的全国三次名茶评选，列入全国前十的名茶品牌共有19个，见附表3。其中3次都入选的有2个：西湖龙井、信阳毛尖，而西湖龙井三次都名列榜首，是当之无愧的国茶。两次都入选的有7个：普洱茶、洞庭山碧螺春、黄山毛峰、武夷大红袍、安溪铁观音、六安瓜片、蒙顶山茶。19个全国名茶按茶区分，江南茶区占12个，华南茶区占3个，西南茶区占3个，江北茶区占1个；按茶类分，绿茶占11个，乌龙茶3个，黑茶2个，红茶1个，白茶1个，黄茶1个。

附表 2

我国七大茶类简介

茶类	绿茶	白茶	黄茶	乌龙茶（青茶）	红茶	黑茶	再加工茶（花茶）
主要特征	不发酵茶 成茶、汤色、叶底都呈碧绿色。汤色碧绿，醇香回甘	微发酵茶 发酵程度 10%~20% 茶叶表面满披白色茸毫，有独特的毫香，茶汤黄绿亮丽回甘	轻发酵茶 发酵程度 20%~30% 黄叶、黄汤甘爽鲜醇	半发酵茶 发酵程度 30%~80% 绿叶红边、汤色黄亮，味鲜回甘，香味独特	全发酵茶 发酵程度 80%~100% 红叶红汤、味醇浓而甘香、暖身养胃	后发酵茶 茶色黑褐、茶性温和，茶汤红亮，独特陈香，喝茶时间：熟茶3~25年，生茶8~50年，越陈越香	茶坯加配料制成均匀再加工茶。如花茶，是茶坯加鲜花窨制而成，茶汤清味浓，芳香扑鼻，回味无穷
制茶关键工艺	杀青	萎凋	闷黄	做青	发酵	渥堆	配料加工 茶花窨制
主要产地及2019年产量	云南30.86万吨 四川26.98万吨 湖北24.12万吨 浙江17.10万吨 贵州15.83万吨 福建12.77万吨 安徽10.63万吨 湖南10.44万吨	福建3.18万吨 贵州0.55万吨 湖北0.26万吨 江西0.17万吨 安徽0.15万吨	安徽0.58万吨 广东0.08万吨 湖南0.07万吨 湖北0.07万吨	福建22.73万吨 广东4.89万吨 湖北0.83万吨 云南0.63万吨 四川0.43万吨 湖南0.26万吨	云南5.66万吨 福建5.25万吨 湖北3.70万吨 湖南2.35万吨 广西1.87万吨 贵州1.67万吨 四川1.05万吨 广东0.97万吨	湖南9.57万吨 云南6.56万吨 湖北5.44万吨 四川2.32万吨 贵州0.89万吨	四川1.67万吨 湖北0.83万吨 贵州0.71万吨 广东0.66万吨 湖南0.56万吨 广西0.43万吨 江西0.32万吨

（续）

茶类	绿茶	白茶	黄茶	乌龙茶（青茶）	红茶	黑茶	再加工茶（花茶）
主要产地及2019年产量	陕西7.13万吨 河南6.10万吨 广西5.60万吨 江西5.24万吨 广东4.48万吨 重庆3.93万吨 山东2.48万吨 江苏1.07万吨	湖南0.10万吨 四川0.07万吨 河南0.02万吨 广西0.02万吨	江西0.03万吨 四川0.02万吨 贵州0.01万吨	贵州0.13万吨 江西0.07万吨 广西0.06万吨 重庆0.007万吨 安徽0.004万吨	江西0.86万吨 安徽0.69万吨 陕西0.45万吨 河南0.41万吨 重庆0.39万吨 江苏0.36万吨 浙江0.14万吨 海南0.04万吨	陕西0.35万吨 浙江0.32万吨 广西0.30万吨 安徽0.02万吨	浙江0.16万吨 重庆0.14万吨 安徽0.13万吨 福建0.07万吨 海南0.02万吨 云南0.01万吨
主要名牌产品	西湖龙井 洞庭碧螺春 黄山毛峰 信阳毛尖 庐山云雾 六安瓜片 都匀毛尖 蒙顶甘露 安吉白茶	白毫银针 白牡丹 贡眉 寿眉	君山银针 蒙顶黄芽 霍山黄芽 北港毛尖 温州黄汤 霍山黄大茶	安溪铁观音 武夷大红袍 潮州凤凰 单丛茶	祁门红茶 黄金白露茶 英德红茶 正山小种 金骏眉 英德红茶 滇红、海红	普洱茶 安化黑茶 雅安藏茶 泾阳茯茶 梧州六堡茶 蒲圻老青茶	福州东来茉莉花茶 北京吴裕泰茉莉花茶 北京张一元茉莉花茶 苏州茉莉花茶 广西桂花茶

附表3

中国名茶前十

1959年评出全国十大名茶	2017年5月20日公布 中国十大茶叶区域公用品牌	2022年4月12日公布 中国十大茶叶区域公用品牌 价值评估前十
西湖龙井，绿茶 浙江杭州	西湖龙井，绿茶 浙江杭州	西湖龙井，绿茶 浙江杭州
洞庭山碧螺春，绿茶 江苏苏州	信阳毛尖，绿茶 河南信阳	普洱茶，黑茶 云南普洱
黄山毛峰，绿茶 安徽黄山	安化黑茶，黑茶 湖南益阳安化	信阳毛尖，绿茶 河南信阳
君山银针，黄茶 湖南岳阳	蒙顶山茶，绿茶 四川雅安	潇湘茶，绿茶 湖南长沙
武夷山大红袍，乌龙茶 福建武夷山	六安瓜片，绿茶 安徽六安	福鼎白茶，白茶 福建福鼎
安溪铁观音，乌龙茶 福建安溪	安溪铁观音，乌龙茶 福建安溪	洞庭山碧螺春，绿茶 江苏苏州
祁门红茶，红茶 安徽黄山祁门	普洱茶，黑茶 云南西双版纳，普洱	大佛龙井，绿茶 浙江绍兴新昌
庐山云雾茶，绿茶 江西九江庐山	黄山毛峰，绿茶 安徽黄山	安吉白茶，绿茶 浙江湖州安吉
信阳毛尖，绿茶 河南信阳	武夷岩茶，乌龙茶 福建武夷山	武夷山大红袍，乌龙茶 福建武夷山
六安瓜片，绿茶 安徽六安	都匀毛尖，绿茶 贵州都匀	蒙顶山茶，绿茶 四川雅安

注：2022年全国申报评估的茶叶区域公用品牌总数为128个。经过审核，参与品牌价值有效评估的品牌共126个，最终评出了品牌价值前十。

第三章　关于茶叶采摘和制茶

　　茶叶采摘关键要领有三：一是把握和实施好采茶时节（采茶期）；二是把握和实施好采茶标准；三是用好采茶方法（人工技巧或机器智能）。

　　茶类的多样化发展，是在绿茶制作的基础上，不断改进和创新的成果。如今七大茶类的制作工序虽然各有不同，但还是既有特色，又有共性。

一 关于采茶

茶叶采摘关键要领有三：一是把握和实施好采茶时节（采茶期）；二是把握和实施好采茶标准；三是用好采茶方法（人工技巧或机器智能）。《茶经》三之造系统地描写了唐代制作蒸青饼茶从茶叶采摘到制作成成品茶的全过程，其中包括采茶时节、采茶标准、制茶工序及饼茶等级的鉴别等，我们可以结合当今实际来学习参考和正确理解运用。

所谓采茶时节或采茶期，是指茶叶的生产季节，即从茶叶开采时起，到茶叶封采时止的整个采茶时期。茶叶采摘时节因茶叶生产地区的气候条件差异，及各种成品茶制作方法对原料要求的不同而有所差别。采茶时节与茶叶品质也有密切关系，自古以来就有宜早和适时的主张。"宜早"，元代王祯《农书》卷十《百谷谱》中提出，茶"采之宜早"。当代名茶西湖龙井、洞庭碧螺春、黄山毛峰、蒙顶甘露等，茶叶采摘都要求早、嫩、净，早比晚更珍贵；"适时"，明代张源在《茶录》中提出，"贵及其时"。迄今，在茶区还流传着这样的谚语："茶树是个时辰草，早采适采是个宝，迟采三天变成草。"特别是在雨水多、气温高的季节，芽叶很容易长大变老，有"茶到立夏一夜粗"的说法。所以茶季开始后，必须严格掌握采摘时期，当茶树上有10%～15%的新梢时，便是符合采摘标准，必须及时采摘。符合标准的先采，分批及时勤采，做到采养结合。

《茶经》写，"凡采茶，在二月、三月、四月之间。"这里指的是农历，从清明节前开始到芒种，是现在的春茶生产季节，公历则在3月中到6月初。我国明代以前一般只限于采春茶，后来随着生产技术的进步，明代以后采茶时节逐渐有所延长，开启了采摘夏茶和秋茶。生产管理好的秋茶，质量甚至比夏茶还好，所以秋茶面积和产量都在增加。由于我国茶区辽阔，气候条件差异较大，茶种类又多，各地茶叶采摘期也有较大差异。如南部热带湿润季风气候区海南岛等地，茶树全年都在萌芽，一年可采茶时段有10个月以上（2至11月）；长江以南茶区一年可采茶的时段有7~8个月（3至10月初）；长江以北茶区每年只能采茶的时段有5~6个月（4月初至10月初）。早春茶的开采期华南茶区、西南茶区比江南茶区、江北茶区要早半个月以上。早春茶很珍贵。

如今我国大部分茶区采茶时节都分为春茶、夏茶、秋茶三个茶季，华南茶区部分地区还分四季采茶。春茶季节在立春（2月初）到芒种（6月初）之间，夏茶季节在芒种到大暑（7月下旬）之间，秋茶季节在立秋（8月初）到寒露（10月初）之间，各地不尽相同。每季茶采摘的早迟和采期的长短多受气温（春季）和雨水（夏、秋季）的制约。

关于采茶标准，以新梢长度、生长势头和天气条件作为适宜采摘的标准。《茶经》说，"茶之笋者生烂石沃土，长四五寸，若薇蕨始抽，凌露采焉。"指生长在肥沃土壤中的茶树，当芽头肥壮似笋状的嫩芽初展，长到四五寸[*]时可采摘（唐代标准）。要在有露水的清晨采摘。"茶之芽者，发于丛薄之上，有三枝四枝五枝者，选其中枝颖拔者采焉。"指生长在贫瘠土壤上的茶树，叶芽较短而细瘦，由于先天环境不足，茶叶枝梢长势也有强弱之分，当有三枝、四枝、五枝时，可选择其中长势较强壮挺拔的芽梢采摘。符合采茶标准的先采，未符合标准的不采，这样既可以提高茶叶质

---

* 寸为非法定计量单位，1寸≈3.33厘米。——编者注

量，也利于茶树生长，从而提高产量。"其日有雨不采，晴有云不采。"指下雨天不采茶，晴天有云不采茶。天气晴朗并有露水的早晨才采茶，便于下一步制茶工序的进行。这是告诉人们，采摘茶叶时的天气情况与制作茶叶的品质有很大关系。必须指出，这是陆羽根据唐代饼茶生产技术条件，对茶原料的要求，总结出的采茶天气标准，随着制茶技术的发展，如今"天气晴朗并有露水的早晨才采摘茶叶""晴有云不采"，已经不做标准要求了。如今是天才蒙蒙亮，茶山上便有人开始采茶了，这时候采摘的茶最珍贵。综上所述，《茶经》首次系统地总结出采茶要在合适的季节，恰当的时间，按照符合要求的标准，以正确的方法进行采摘，这对提高茶叶质量和产量，推进茶产业发展有重要的实用价值和指导意义，是茶产业发展中的一大进步，至今仍有着重要的参考价值。

　　如今，杭州西湖龙井的茶农，每年春天分四次、按档次采摘茶叶的经验可供参考。

　　1. 明前茶。3月下旬至4月初（农历二月下旬三月初），清明节前采摘的茶称明前茶，又称头春茶，极为珍贵。明前茶采摘十分强调芽叶的细嫩与完整，通常只采一个嫩芽，称莲心。必须小心轻柔地采摘，摘一片就要马上放入茶篮（筐），叶芽如果在手上停留，手的温度会使叶片由绿变黄，甚至变红。高超熟练的采茶手法是采茶人经验积累、代代相传、勤学苦练而成。自古对采茶手法就有严格的要求，尤其对采摘贡茶的手法要求更为严苛。北宋时甚至提出要用指甲掐采，而不用手指采茶，以不使鲜叶受热而损害叶质。如北宋赵汝砺在《北苑别录》中叙述北苑贡茶的采摘要旨："盖以指而不以甲，则多温而易损；以甲而不以指，则速断而不柔。故采夫欲其习熟，政为是耳。"（注：采夫是指采茶人）。又如宋徽宗赵佶在《大观茶论》中提到，"撷茶以黎明，见日则止。用爪断芽，不以指揉，虑气汗薰渍，茶不鲜洁。故茶工多以新汲水自随，得芽则投诸水。"是说茶工要随身带净水，把刚采下的鲜叶投放在水里，以免沾染人身上的汗气，保持茶叶鲜洁，这是很严苛的要求。如今已进入新时代，保障茶叶品质的采摘方法除提高人工技能外，应向机械化、智能化方向发展。这是茶叶现代化发展的新要求，也是茶人的向往和期盼。人工采茶成本越来越高，求人采茶越来越难是发展趋势。努力实现采茶机械化、智能化是大势所趋，人心所向，需求日益迫切。一个技艺熟练的采茶工每天最多只能采嫩芽12两，一斤干茶通常有嫩芽36 000个，堪称珍品。一斤特级龙井茶，约有嫩芽8万个之多，所以是珍品中的绝品。

2. 雨前茶。4月20日前（农历三月中），谷雨前采摘的称雨前茶，又称二春茶。此时树上茶叶量已较多，已有一芽一叶，叶似旗，芽似枪，故称旗枪。采制茶叶以早为贵，以细嫩完整为好。一向有"明前是珍品，雨前是上品""明前金，雨前银"的说法。元代文人虞集游龙井后有诗曰："烹煎黄金芽，不取谷雨后。"从细嫩度、早尝鲜的角度来说，雨前茶不如明前茶。但也要认识到，从营养元素来说，明前茶不如雨前茶。因为雨前茶的生长期、光照期比明前茶长，叶片也比明前茶厚，所以茶多酚、氨基酸及其他微量元素含量比明前茶更多。

3. 三春茶。5月初（农历三月下旬四月初），立夏前采三春茶。此时采一芽两叶初展的茶。茶芽旁附两瓣叶，形似雀舌，故称雀舌。市场上雀舌也是名贵茶。

4. 晚春茶。6月初（农历四月下旬五月初），芒种前采梗片茶。在三春茶后一个月开始采摘的茶已成叶片，并附带有蒂梗，称梗片茶。由于一般将芒种后、夏至开始采的茶称夏茶，所以芒种前采的茶勉强称晚春茶。但此时已在立夏、小满以后，气温升高，生长发育加快，有10%达到一芽二叶或一芽三叶采摘标准即应采摘，所以要分批及时勤采。龙井茶的采摘是按标准采大留小。根据茶叶的生长情况，隔几天就采摘一次，做到采养结合，长势好的先采。夏至开始就是采夏茶，再以后还有采秋茶。全年茶叶生产季节从春到秋大约要采摘茶叶30批，最晚采到

10月初。

　　还有洞庭碧螺春、黄山毛峰、庐山云雾茶、信阳毛尖、六安瓜片等几大名茶的采摘也各有特点，可供参考。

　　洞庭碧螺春的采摘特点要求早、嫩、净。**早**，指自春分开始采摘，公历3月20日左右（农历二月初、二月中），至谷雨结束，公历4月20日左右（农历三月初、三月中），大约一个月的时间。高档极品茶更早一些，大约公历3月中至4月初（清明节前）开采，约20天。**嫩**，指采摘标准要求为一芽一叶初展时，即要求采旗枪茶。历来有"一斤碧螺春，四万嫩春芽"之说。更有甚者，一斤特级碧螺春干茶，需要74 000个芽头，历史上曾有一斤碧螺春干茶达到90 000个芽头的极品茶。**净**，指要拣得纯净。采摘回来的芽叶要及时进行精心挑拣，除去鱼叶、不符合标准的叶片和蒂梗，保持芽叶匀整纯净，再进行加工制作。上好的洞庭碧螺春茶，需要早晨上午采，下午拣，晚上炒，所有的工序都要在一天内完成，这样才能保证茶叶的鲜嫩和香气，以达到上好的品质。

　　黄山毛峰的采摘特点也要求早、嫩。特级毛峰要在清明节前后采摘一芽一叶初展的旗枪茶，一至三级毛峰要在谷雨前后采摘。标准是：一级毛峰一芽一叶或一芽二叶，二级毛峰一芽二叶，三级毛峰一芽二三叶初展。为了保质保鲜，一般要求上午采，下午制；下午采，当夜制。采回的茶叶送制前还要按标准进行精心挑拣。

　　庐山云雾茶由于山上气温较低，开始采摘时间要晚一点，一般在谷雨至立夏期间（公历4月下旬至5月上旬）开园采摘。采摘标准为一芽一叶初展。

　　信阳毛尖一般在公历4月中下旬开始采摘，每隔2～3天采摘一次，分20～25批次采摘。采摘标准是：特级毛尖，采一芽一叶初展；一级毛尖，一芽一叶；二三级毛尖，一芽二叶；四五级毛尖，一芽三叶及对夹叶。四不原则：不采老叶、小叶、蒂梗、鱼叶。

六安瓜片春茶，谷雨后开园采摘，以对夹二三叶及一芽二三叶为主，以一芽两叶，叶子开面如瓜子外形时采摘最好，到一梢长出四叶时就晚些了。六安瓜片制作时要单片不带梗。由于六安瓜片要求叶片大小匀整，呈单片状，瓜子形，故称瓜片。

　　综上可以看出，虽然各类茶存在差异，但共同特点是采摘时间和采摘标准要符合茶叶等级要求。

二 关于制茶

关于制茶工序。《茶经》云："晴采之，蒸之，捣之，拍之，焙之，穿之，封之，茶之干矣。""自采至于封，七经目。"这是唐代制作蒸青饼茶从茶叶采摘到制成茶叶成品封藏的记述，生产全过程称七经目，就是要经过晴天采茶、蒸茶、捣茶、拍压成型、烘焙干燥、穿茶、封茶七道工序，制成成品干茶，封藏待用。分述如下。

采茶。农历二、三、四月间，按照晴采之，"凌露"采、"颖拔"采的标准，将长势好的芽、叶进行采摘（即，趁着晴天凌晨有露水时，采摘肥壮的芽叶；新梢有三枝、四枝、五枝时，采摘长势挺拔的芽叶）。要及时采，分批采，采养结合。

蒸茶。将采摘的茶叶放到蒸锅中进行高温蒸青，防止酶性氧化。

捣茶。蒸茶之后要将蒸过的芽叶进行翻动、散热，防止叶色变黄。然后放入臼中用杵捣茶叶，使茶叶碎烂，便于装模。

拍压成型。将捣好的茶叶放进模具内，拍压成型（团饼）。

烘焙干燥。取出拍压成型的茶饼，将其排列陈放，进行自然干燥后，用锥在茶饼中心打穿一个孔眼，便于用绳索将茶饼串联。穿孔后将定型饼茶进行烘焙干燥，需达到足干为止。

穿茶。将烘焙好的饼茶一个个用绳索贯串起来，并将贯串好的饼茶计数。

封茶。将穿好的饼茶进行低温复焙，使茶去掉生腥草味，变得鲜美甘醇，防止茶叶受潮霉变。复焙后再进行包装、计数、封藏。

唐代蒸青绿茶制茶工序已较系统完整，为我国制茶业发展奠定了良好的基础。茶类的多样化发展，是在此基础上不断探索、改进和创新的成果。绿茶发展成多类茶，是以不同的发酵程度（不发酵、微发酵、轻发酵、半发酵、全发酵、后发酵）和不同的工艺使茶叶内质和形态发生变化的过程，使茶叶从采摘鲜叶开始（不同的茶对鲜叶采摘标准不同），经过不同的制造工艺和流程，制成各种色、香、味、形不同的茶类。因此，如今七大茶类的制作工序虽然各有不同、各具特色，但也有一些基本的、共性的东西，详见附表4我国各类茶叶主要制作工序，仅供参考。

附表4

我国各类茶叶主要制作工序

茶类		主要制作工序
绿茶	（不发酵茶）	采茶→拣茶→杀青→揉捻→焙干→包装→贮藏
白茶	（微发酵茶）	采茶→拣茶→萎凋→拣剔→焙干→包装→贮藏
黄茶	（轻发酵茶）	采茶→拣茶→杀青→揉捻→闷黄→焙干→包装→贮藏
乌龙茶（青茶）	（半发酵茶）	采茶→拣茶→晒青→凉青→做青→炒青→揉捻→焙干→包装→贮藏
红茶	（全发酵茶）	采茶→拣茶→萎凋→揉捻→发酵→焙干→包装→贮藏
黑茶	（后发酵茶）	采茶→拣茶→杀青→初揉→渥堆→复揉→焙干成型→包装→贮藏
茉莉花茶	再加工茶	坯料处理→花料处理→窨花→起花→焙干→提花→包装→贮藏

此表之所以称"我国各类茶叶主要制作工序"，是因为这是我国茶人

的创造，还因为它仅列出了各类茶制作工序的梗概、要领，而不是实际生产制作工序。因为在实际的生产制作过程中，工序还要多一些，且更具体一些，茶叶生产厂一般都有茶叶制作生产手册规范，用于指导生产。整个生产过程工序环环相扣，步步精心制作，以保证产品的产量和质量。下面仅以绿茶为重点做一些说明，并以西湖龙井、茉莉花茶为例做些参考，其他茶类则从简说明，不一一细述。

　　1.绿茶制作。我国制作绿茶的历史悠久，唐宋时已流行用蒸青法制造绿茶。由于蒸青茶叶存在香味不浓的缺点，在唐代就有了利用高温干热发挥茶叶香味的炒青技术。在制茶实践中，经唐、宋、元，炒青技术进一步发展，到明代炒青技术日趋完善，制茶方法也逐渐由蒸青法变成大多采用的炒青法。明代的炒青法制茶工序已与现代绿茶制法相近。至今，根据杀青方式和最终干燥方式的不同，制作绿茶的工艺可分为五大类：①炒青绿茶（锅炒杀青，全炒）。如西湖龙井、洞庭碧螺春、大方、眉茶、珠茶等，绝大多数名优绿茶都用炒青。②烘青绿茶（烘笼烘干，全烘）。如黄山毛峰、六安瓜片、太平猴魁、天台山云雾茶、仰天雪绿等，名优烘青绿茶用细嫩烘青，一般绿茶用普通烘青，主要用作窨制花茶的茶坯。③蒸青绿茶（蒸汽杀青，烘干）。如湖北恩施玉露、阳羡雪芽、煎茶等。④晒青绿茶。如湖北老青茶、云南晒青茶、四川晒青茶、湖南晒青茶、陕青茶等（紧压茶），晒青茶是用日晒方式进行干燥，主要用于制作黑茶。⑤半烘半炒（炒或滚、烘）绿茶。如安吉白茶、望府银毫、午子仙毫、齐山翠眉等。

　　虽然绿茶种类较多、各有特点，但绿茶不发酵，呈绿色是共性，要求其基本制作流程要经过高温杀青、揉捻（造型）、干燥等工序。杀青的作用是使鲜叶中的水分蒸发，即使香气渐露，又高温钝化鲜叶中的氧化酶，抑制酶的活性，起到抑制多酚类酶促氧化的作用，使茶叶保持绿色；叶片失去部分水分而变得柔软，便于后续工艺揉捻成形，且保持茶叶绿色的特征。杀青程度要适当，若杀青不足，酶活性不能及时抑制，茶多酚继续氧化，轻者叶色泛黄，重者则出现红叶。揉捻的作用是使茶叶叶片形成一定形状，并破坏茶叶组织，使部分叶汁流出附在叶表，便于冲泡时茶汁能较快溶于水。干燥的作用是除去茶叶的水分，防止茶叶发霉变质，并使茶叶定形、形成香气，便于贮藏。干燥方式分为炒干、烘干两种。炒青绿茶采用炒干制作工艺，烘青绿茶采用烘干制作工艺，都称作烘焙或焙干。烘焙一般要反复进行几次，炒青绿茶分二青、三青挥干过程；烘青绿茶分毛火、足火过程，要求掌握好烘焙的温度和时间，成品茶要做到茶叶足干，达标为止。千姿百态的名优绿茶，都是运用不同造型方法并通过干燥过程形成的。干燥温度要适当，温度过高易产生色黄甚至焦茶。烘焙合格的茶叶，再进行密封包装、低温贮藏。总之，当代绿茶制作工序一般是：采茶→拣茶→杀青→揉捻→焙干→包装→贮藏，但有特殊的，如黄山毛峰特级、一级不揉捻；六安瓜片不揉捻，要板片。这就是不同品牌的绿茶，在制作方法上有大同（不发酵，呈绿色），又有小异（如不揉捻，要板片；外形有西湖龙井叶形呈扁平挺直，碧螺春叶形呈卷曲成螺，六安瓜片叶形呈瓜子形单片，洞庭春芽叶形呈单牙形，南京雨花茶叶形呈直条形，婺源茗眉叶形呈曲条形，平水珠茶叶形呈珠粒形，安吉白茶叶形呈兰花形，黄山绿牡丹叶形呈扎花形，竹筒茶之团块形等）。

以手工制作西湖龙井茶为例，有十道工序，十大手法。制茶十道工序是：采拣、摊放、炒青锅、成条、回潮、辉锅、分筛、筛分整理、归堆、收灰贮存。十大手法是：抖、搭、捺、甩、挺、拓、扣、抓、压、磨。

采拣、摊放，指鲜叶采摘及摊放。春茶一般在3月下旬、4月初，有5%的茶叶达到一芽一叶采摘标准，这时即可开采。春茶可分为早春、头春茶（采莲心，即1个嫩芽；旗枪，一芽一叶，通称明前茶）、二春茶（一芽一叶，即旗枪；一芽二叶，即雀舌，谷雨4月20日前采，又称雨前茶）、三春茶（一芽二叶，5月初立夏前采）、晚春茶、夏秋茶（有1%达到一芽二叶或一芽三叶采摘标准时，即可采摘，要分批及时采摘，采养结合，采摘期可到10月初寒露前）。采摘的鲜叶要按不同等级分开摊放，轻翻，使其水分均匀散发，直至叶面开始萎缩，叶片由硬开始变软，叶色由鲜绿变为暗绿，草青气散发，草青味减弱，当叶片含水率降到70%左右时，即可进行加工制茶。

炒青锅、成条，就是高温杀青、揉捻，靠十大手法使茶叶成型。锅温控制在200℃左右时，炒茶师要用手，在这样高温的铁锅里不停地进行茶叶炒制，因此人们常将炒茶人的手称为"铁砂掌"。鲜叶下锅时，锅温宜高，然后逐渐降低，炒至叶质柔软，手捏成团，叶色转暗绿，折梗不断，略有弹性，青气消失，香气渐露；再揉捻至茶条逐渐成形，扁平挺直，手捏不粘，紧捏不成团，松手即散。

茶条逐渐成形后，再回潮、辉锅焙干、提香、筛分整理（去黄片、去茶末），直到茶叶水分降到5%~6%时，再进行归堆处理，收灰贮存。

通过十大手法可看出龙井茶加工技艺十分讲究，成品茶确实是精工制作的手工艺品，在一定程度上炒茶功夫决定了茶叶品质的高低。炒茶是个辛苦活，又是技术活。在200℃的高温下，手不离茶，茶不离锅，炒中有揉，揉中有炒，炒揉结合。不同师傅的手法技艺和对温度的把握是靠悟性的。高级炒茶师认为茶叶是有灵性的，谁把握得好，制出的茶的形、色、香、味就好。成品茶，就是人的技艺、悟性与茶的本性、品质、灵性相融合的工艺品。正所谓，"夸妙手，炒茶师更风流。"明代名人李日华把"有好茶为凡夫焙坏"作为世界上最让人哀叹的三件事之一。2008年6月，"绿茶制作技艺（西湖龙井）"被列入第二批国家级非遗代表性项目名录，目前已有国家级、浙江省、杭州市、西湖区级代表性传承人，并制定了茶叶炒制工艺规程和炒茶等级评定标准。现已评出数百名高级炒茶技师、炒茶技师和炒茶青工，并设有专门的职业技术学校对其进行培训。

炒茶师技艺高超，值得敬佩。但手工炒茶技艺掌握难度大，传承不易，尤其"铁砂掌"对人手伤害很大。解决此难题的方向是努力实现优质茶生产现代化。采用现代高新技术，发展机械化、智能化炒茶装备和工艺技术，从而生产出品质优、口感好、效率高的优质茶。这是业界的努力方向和民众的期盼。

2. 白茶制作。白茶制作方法既特殊又简单，但要求精细。整个过程既不杀青、不揉捻，也不促发酵，只是通过精心管理的自然萎凋过程轻微发酵（发酵程度10%～20%），再用低温焙干成茶，保持茶叶的自然形态和清香。萎凋是薄摊新采的茶叶，使其慢慢失水，叶质变软，形成茶香，以失水减重30%为度。萎凋的方法有日晒萎凋和室内自然萎凋两种。干燥是使叶片进一步失水、成形的过程，通常第一天利用阳光晒至六七成干，第二天继续晒至八九成干，再低温烘焙至足干。白茶表面满坡白毫（白色茸毛），如银似雪，与制茶原料产地和品质有很大关系。最有名的福建福鼎白茶白毫银针，采用的是福鼎大白茶茶树和福鼎大毫茶茶树的嫩叶芽头，称白芽茶，品质上佳。福鼎太姥山以独特的地理、气候、土壤优势和白茶品种优势，被称为白茶的原产地、白茶的故乡。因此，有"世界白茶在中国，中国白茶在福鼎"之说。

3. 黄茶制作。黄茶的制作工艺基本与绿茶相似，是由绿茶的制作工艺演变而来的。只比制作绿茶多了一道轻微发酵（发酵程度20%～30%）的闷黄工艺，使茶叶、茶汤发生由绿到黄的"黄变"，形成黄茶。闷黄要进行两次，第一次称初包，初包后复锅，还要进行第二次复包（再闷黄），然后反复进行几次焙干，从而制成黄茶。不同黄茶制作时，闷黄时间长短有所不同。最短的闷黄时间只需30~40分钟，如北港毛尖；君山银针是二烘二闷，蒙顶黄芽是三烘三闷，烘闷交替进行，历时2~3天，黄变比较充分。黄茶加工在闷黄以后，消减了苦涩味，使滋味变得甜醇。

4. 乌龙茶制作。乌龙茶，是介于绿茶（不发酵茶）与红茶（全发酵茶）之间的半发酵茶。制作方法是晒青、凉青、做青、炒青（不杀青）、揉捻、焙干，让其发酵又不让其全发酵，使茶叶生成茶红素、茶黄素，具有了绿叶红边的特色，并散发出一种特殊的兰花香气，既有绿茶的清香，又有红茶的浓醇，称为中性茶。晒青、凉青、做青，是乌龙茶香气形成的关键工序。炒青是停止发酵，稳定色泽的重要工序，炒至叶片含水率达40%左右为宜。制作乌龙茶的鲜叶不需绿茶那么细嫩，是在茶树新梢生长至一芽四、五叶，嫩芽形成驻芽时，顶叶初展，呈小开面或中开面时，采摘其二三个叶，叫作"开面采"。采摘时要做到五不，即不折断叶片、不折叠叶张、不碰碎叶尖、不带单片、不带鱼叶和老梗。制作过程要根据鲜叶的肥厚把握摇青次数和做青的摊置时间，掌握半发酵的分寸。需要进行多次做青，达到标准为止。做青适度的叶子，叶缘呈朱砂色，叶中部分呈黄绿色，整个叶面呈现青蒂绿腹红边，称为绿叶镶红边，并散发出兰花香。乌龙茶多酚类氧化程度不同，发酵程度有轻重之分，分别为30%～80%，口感也有差异，适合不同人的喜好，有闽南乌龙茶（以安溪铁观音为代表）、闽北乌龙茶（以武夷大红袍为代表，又称武夷岩茶）、台湾冻顶乌龙茶之分。台湾南投的冻顶乌龙茶口感较轻，容易入口，不大喝茶的人喝了冻顶乌龙茶也会觉得可以接受，甘醇舒服；安溪铁观音的香醇味道比冻顶乌龙茶重一些，郁香持久，是许多喜爱喝乌龙茶的人的选择，被公认为乌龙茶中的极品；武夷大红袍比铁观音多了一种涩味，是一些高雅之士和高僧喜欢的"岩韵"，素有"茶中状元"之称。岩韵"涩"，涩有甘醇，舌有余甘，是武夷岩茶的重要特点。但有些人对"涩"就不容易接受了，这就是消费者各有所好。还有武夷山建瓯市产的武夷水仙茶，清香甘醇，解渴提神，也是乌龙茶类中的一颗明珠。

5.红茶制作。红茶是全发酵茶。制作过程不杀青，要发酵。发酵是红茶制作有别于其他茶类的特殊工序，也是红茶品质形成的关键工序，通过发酵能改变鲜叶中的化学成分，使茶叶中的茶多酚在多酚氧化酶的作用下氧化聚合形成茶黄素和茶红素，使茶叶的颜色由绿变红。红茶沥泡后具有红叶、红汤、味醇、香甘的特征，还可以暖胃养胃。发酵程度要掌握得恰到好处，才能形成红汤明亮，香味鲜爽，若发酵不足，则会汤色欠红，味淡，发涩；若发酵过度，则汤色发暗，香味不鲜爽。红茶采摘标准要求是：高档茶一芽一二叶，一般茶一芽二、三叶及有相应嫩度的对夹叶。红茶制作时，焙干工序要毛火、足火分次进行。按产品档次的不同要求，制作红茶也分叶底完整的工夫红茶、外形细碎的红碎茶、特殊加工品质优异的小种红茶三类，制作方法各有不同。工夫红茶要揉捻成条，而红碎茶则要揉切成小颗粒形碎片。揉切机具有像绞肉机似的转子，也有双滚齿式的切茶机。产自福建武夷山的正山小种，17世纪就风靡欧洲；工夫红茶中的珍品祁门红茶已广受英国皇室族群及英国民众喜爱；红碎茶则受广大民众欢迎。

6.黑茶制作。黑茶是后发酵茶。制作过程是鲜叶采自大叶种茶树，采摘标准多为一芽五六叶，如果说，绿茶追求叶芽鲜嫩、清纯。那么黑茶则要求叶片成熟，营养丰富。黑茶选取叶肥梗长的老叶片为原料，在杀青、初揉的基础上（称青毛茶），经渥堆（堆积、泼水、渥热、发酵）的特殊工艺处理，使茶叶中的多酚类物质充分进行氧化作用，毛茶颜色逐渐由绿变黑，再经过复揉、焙干、加工成型（砖茶、方茶、饼茶），制成后发酵成品茶。不同黑茶制作的渥堆时间长短也有不同。如湖南黑茶，只需8~18小时，而云南普洱茶则需数十天。总之，所谓后发酵是指茶叶已经过高温处理（杀青或干燥）后，再进行的渥堆发酵。这个后发酵过程是微生物作用和湿热作用同时兼有的过程，与红茶那样的酶性氧化过程有所不同。成品茶呈黑褐色，故称黑茶，属黑茶紧压茶。后发酵茶的特点是成茶团块还具有持续发酵作用，经得起存放，而且存放得当还可促进茶叶品质转化与提升，越陈越香。

7. 花茶制作。花茶制作要精心进行坯料处理和花料处理，精心进行窨制，窨花工序反复进行4~8次，保证成茶质量上品。一般工艺流程为：茶坯处理、鲜花处理、茶花拌和、窨花、通花、起花、烘焙、提花、匀堆装箱，其中让茶花融合的关键流程是窨制工艺。

以张一元茉莉花茶制作工艺为例，从采茶到制出成品茶有近15道工序。简述如下，仅供参考。

茶坯制作。茶坯制作经过初制与精制两个过程。初制茶坯选用幼嫩春茶芽叶作为原料，经过摊放、杀青、揉捻、烘焙，成品称为"毛茶"；精制是将毛茶再经过整形和分级，成品称为"精茶"，即"茶坯"。

鲜花处理。采摘的茉莉鲜花是含苞待放的成熟花蕾，是夏至（6月21日左右）至处暑（8月22日左右）之间的伏花。这段时间由于气温高、日照强、茉莉花品质最优，产量也高。成熟花蕾的主要标志有三：一是花蕾色泽已由青白转为洁白，二是花蕾饱满，花冠筒已抽长，三是花萼由于花冠筒抽长而稍离花冠，即花萼不接触花冠。此时的茉莉花，正如诗人王士禄所赞："冰雪为容玉作胎，柔情合傍琐窗开。香从清梦回时觉，花向美人头上开。"

茶坯、鲜花原料检验。茶坯检验包括色香味形品质感官检验、理化检验和卫生检验，鲜花检验选用的鲜花必须是伏暑天的茉莉鲜花，且花形饱满、大小均匀、色泽洁白，不含非花杂物。

茶花拌和。是将符合检验要求的待窨茶坯和鲜花原料，按规定的比例进行拌和，充分混匀成符合技术要求的窨堆作业，其目的是促使花与茶直接接触，充分吐香和吸香。窨堆要防止只见鲜花不见茶坯，或只见茶坯不见鲜花等拌和不匀的现象，技术上要掌握配花量、拌和均匀度与拌和速度及温度、水分、厚度、时间。窨花场所要求卫生、空气流通、温度适宜。

静置窨花。茶花拌合在一起静置，通过温度的提高，茉莉花苞逐渐开放，香气四溢。茶坯在吸收茉莉花水分的同时也吸收了茉莉花释放的香气。静置窨花吐香、吸香的过程历时10~12小时，中间经过通花后（就是把在窨的茶堆扒开摊凉散热），复以静置状态继续窨花。在窨时间的掌握，因窨次不同而异，头窨11~12小时，二窨10~11小时，三窨、四窨9~10小时，其间要注意观察在窨品的温度、叶相等变化，以便适时通花。

通花。从堆高30~40厘米，扒开薄摊堆高10厘米左右。每隔15分钟，再翻拌一次，让茶堆充分散热，约1小时堆温达到要求时，（即降到常温时）就收堆复窨，堆高约30厘米，再经5~6小时，茶堆温度又上升到40℃左右，花已成萎凋状，色泽由洁白转微黄，嗅不到鲜香，即可起花。通花的目的一是散热降温，二是通气给氧，促进鲜花恢复生机，继续吐香，三是散发堆中的二氧化碳和其他气体。通花是根据在窨品的堆温、水分和香花生机状态来掌握的，通花的时间，头窨后通花5~6小时，以后逐窨次缩短半小时。

起花。把茶和花分开，叫起花。在窨花的时间达10~12小时后，花将失去生机，茶坯吸收水分和香气达到一定状态时，必须立即进行起花。起花顺序是"多窨次先起，低窨次后起，同窨次先高级茶，后低级茶。"如不能及时起花，则会在水热作用下，花渣变黄熟呈现闷黄味、酒精味，影响花茶质量。若当天窨制数量多，在短时间内来不及起花的，必须将花堆扒开散热。

烘焙。目的在于排除多余水分，最大限度地保留花香，维护花茶品质。在窨品烘焙，要求快速，最大限度地防止花香散失。很重要的一点是要掌握好烘干温度。烘后茶叶水分含量不超过8.5%。

提花。已窨制复火过的花茶半成品，再用少量优质茉莉鲜花再窨一次，经过短时静置窨花，中间不通花，及时起花，不复烘，这一作业叫提花。提花的目的在于增加花茶表面香气，提高花茶鲜灵度。

匀堆装箱。是茉莉花茶窨制过程的最后一道工序。提花起花后要进行匀堆，使全堆品质基本一致。匀堆装箱前，先拼配小样，经过水分、粉末等检验和品质鉴定，符合产品规格标准后，才可按要求进行匀堆装箱。同时抽取大堆成品样进行理化检验和品质鉴定。装箱前的空箱要逐个检验，确保箱内无灰尘、杂物、异味，才可装箱。

从茶花拌和、静置窨花、通花、起花到烘焙，习惯上称为一个窨次。中高档茶叶根据要求选用多个窨次，精工细作。张一元龙毫茉莉花茶，是用清明节前的珍贵绿茶做茶坯，经过8次窨花，让每斤*茶叶吸收6斤茉莉鲜花的香气，精心制作而成。张一元茉莉花茶制作技艺在2007年被列入国家级非物质文化遗产保护项目。

---

* 斤为非法定计量单位，1斤=500克。——编者注

三 关于茶叶鉴别及标准

　　关于茶叶品质优劣及等级划分的鉴别，有传统的经验方法和现代的理化指标检测法。传统的经验方法主要是通过观看、嗅闻和品尝，依据茶的色、香、味、形来评定茶的优劣及等级。现代理化指标检测法是从保证茶叶质量安全，对茶叶主要成分的理化指标制定出相关茶叶标准，用先进的仪器设备进行检测，评定茶叶是否符合标准要求及确定其等级。唐代的科学技术水平还没有茶叶理化指标标准，也没有现代的仪器设备检测条件，主要是凭经验、凭观察、凭感觉来进行鉴别。对蒸青饼茶来说，鉴别优劣主要是看饼茶的形态和色泽。《茶经》记述了蒸青饼茶的八个状况："茶有千万状，卤莽而言，……自胡靴至于霜荷八等。"是说茶饼有多种形态，概括而言，有饼面像胡靴一样带有较细的皱纹，到饼面如霜打的荷叶凋萎干枯状等八种情况。陆羽指出，其中饼面形态色泽好，表面有皱纹或表面呈微波形的六种情况，都可称为合格的优质饼茶，"此皆茶之精腴"。而饼面有起壳或脱落，含有老梗，或呈凋萎霜荷干枯状等，呈色枯、有老梗的情况，是不合格的病态茶。最重要的是，陆羽强调鉴别要客观公正，要将饼茶的外形与内质结合起来鉴别。重外形而轻内质是较差的鉴别方式，重内质并兼顾外形的鉴别，将好与不好都说出来，还指出原因，是最好的鉴别。如饼面光滑，外观是好的，但光也是出膏的表现，茶汁被压出来了，饼表面光滑了，茶滋味也就淡了，所以饼面太光平并不好。而饼面有皱纹，是含膏的表现，外表有皱纹看似不好，但茶汁流失少，茶味好，所以有细皱纹是好的，"此皆茶之精腴"。陆羽还指出，"茶之否臧，存于口诀。"茶鉴别之好坏，就看怎么评说。由此看出，茶叶品质鉴别是一件大事，很重要。传统的经验鉴别法，关键在于评茶者的经验和人品，评茶者经验不同，感觉喜好不同，都会作出不同的评判，可以说没有客观公正的科学标准。有人说，传统经验鉴别多用定性和描述性语言，缺乏科学的定量标准，实际上是没有统一可执行的科学标准，所以得不到当今国际社会的认可，这对我国的茶叶出口有很大阻碍。没有科学的茶叶鉴别标准，也是国内茶叶市场不规范的重要原因，有人炒作使某种茶叶的价格暴涨暴跌，炒作人获得暴利，茶农、茶企都遭受了巨大损失。如今，我国已经针对各类茶叶品质评价，编制了《茶叶感官评审方法》（GB/T 23776—2018）标准，由中国茶叶学会组织开展茶叶品质评价工作，对每个申报的茶样进行感官评审，并作出评价以及认定等级，同时给出改进建议。通过评价，一是使企业能进一步改进制茶工艺，提升茶叶品质和竞争力；二是使消费者了解茶叶产品各项感官因子特性和品质水平，为其提供选购依据；三是进一步促进茶产区茶叶生产高质量发展，创响品优产品品牌，推进茶产业发展与乡村振兴。

中国是茶叶生产大国，也是茶叶出口大国，目前我国茶叶外销量约占茶叶总产量的13%左右，发展潜力很大。我国茶叶评价虽然有了国内标准，但茶叶要想进入国际市场还须与国际标准接轨。茶叶评价如何与国际标准接轨，是我国茶叶发展亟待解决的重大问题。例如，我国是世界上最大的绿茶生产国和出口国，在国际市场上，我国绿茶占国际贸易量的70%以上，销售出口遍及非洲、英国、德国、法国、美国、俄罗斯、乌兹别克斯坦、阿富汗等50多个国家和地区。国际绿茶标准自1993年起就开始制定，直到2008年4月，在杭州召开的国际标准化组织（ISO）茶叶标准化技术委员会第22届年会上，备受关注的绿茶国际标准技术指标才获得了通过，这意味着历时15年，离中国绿茶国际标准诞生的日期更近了。当年参加绿茶国际标准讨论和表决的有50多位茶叶专家，他们分别来自中国、英国、德国、日本、印度、斯里兰卡、肯尼亚、土耳其、阿根廷等国家和地区。为什么茶叶国际标准制定这么难，时间拖这么久还很难通过决议呢？原因是标准在制定上存在着茶叶出口国和进口国之间的利益博弈问题，标准很难统一。茶叶进口国在茶叶质量安全方面倾向于制定更为严格的标准，保护消费者利益；而茶叶出口国则倾向于标准放宽一些，保护生产者利益，有利于推进产业的持续发展。国际茶叶市场竞争越激烈，国际检测标准就会不断提高，进口国通过标准设置贸易壁垒。例如农药限量标准，欧盟等主要靠进口茶叶的国家，2006年将茶叶农药残留的检测项目从193项增至210项；2007年，欧盟对茶叶检测标准再次提高，再增加10个项目限量，又更新了10个农残项目的新限量（标准提高），限量项目增加与限量标准提高双管齐下，一些限量非常低的农残标准，事实上就意味着禁止此种农药或杀虫剂的使用。从2011年10月起，欧盟对中国输欧茶叶采取新的进境口岸检验措施，必须通过欧盟指定的口岸进入；同时，欧盟还对10%的货物进行农药检测，如果这批货物被抽中，则要求实施100%的抽样检测。在2008年的杭州会议上，英国提出的绿茶国际标准，得到了除印度以外的所有绿茶生产国和消费国代表的赞同。这个标准是：①绿茶中，茶多酚含量大于11%；②绿茶中，儿茶素总量大于7%；③绿茶中，儿茶素总量与茶多酚含量之比大于50%。以此作为绿茶理化指标的国际标准。绝大多数国家赞同的原因是，茶叶的许多功效都是因为茶多酚的作用。由于茶多酚的存在，使茶叶能够保存较长时间而不变质，可保鲜防腐，这是其他树叶、菜叶、花草没有的，而且茶多酚没有毒等其他副作用，因此为保证茶叶质量安全要求茶多酚含量要大于11%。儿茶素也称茶单宁，是茶多酚中的重要组成成分，也是茶叶中具有苦涩味及收敛性的特殊成分，具有抗氧化、抗突变、预防肿瘤、抗艾滋病病毒、抗血小板凝聚，减少低密度脂蛋白、抑菌、抑制血压上升等多种功效。一般来说，茶叶中儿茶素在茶多酚中的含量在65%~80%，所以标准要求绿茶中儿茶素总量要大于7%，儿茶素总量与茶多酚含量之比要大于50%，是有科学依据的。但为什么印度提出了异议呢？是由于印度的大叶种茶树茶叶偏大，茶叶中茶多酚含量较高，就造成了儿茶素总量与茶多酚含量之比小于50%，所以印度不能接受儿茶素总量与茶多酚含量之比大于50%的标准。指标标准要如何调整才能让大家都接受，还需商讨。对中国出口的主要绿茶检测结果是，茶多酚含量在11.2% ~ 20.4%，儿茶素总量在6.7%~18.1%，儿茶素总量与茶多酚含量之比大于50%。可见，中国绿茶的理化指标是符合国际标准要求的。

今后在国内，我国茶叶的鉴别评审将采取评茶师审评和理化指标检测评定相结合的方式。为应对国际市场挑战，在出口茶叶上我国将按国际标准，暂且放弃传统的感官经验评审标准，我国努力在推动制定国际理化标准中取得实质性的参与权，提高我国在国际茶叶标准化工作中的话语权，进一步提升国际市场对中国茶叶的认可。2019年11月，在杭州召开的国际标准化组织（ISO）食品技术委员会（TC34）茶叶分技术委员会（SC8）第27次国际茶叶标准化会议上，达成共识：由中国牵头的《绿茶术语》国际标准制定项目将进入国际标准草案（DIS）投票阶段，《茶叶分类》《乌龙茶》标准制定工作得到持续推进，我国提出的《茶多酚规格》《茉莉花茶》两项新标准制定项目将作为前期预研项目得到推进。

要让中国茶香飘世界，必须具有国际视野和国际规范，用世界眼光和国际标准来促进我国茶产业更好地发展。采用国际先进理念和技术来认识茶、发展茶，标准化建设是由茶叶大国迈向茶叶强国的必经之路。目前我国推进茶叶标准化工作，积极进行国内标准制定，参与国际标准制定和推进茶园标准化建设两手抓，并在这两方面都取得了积极进展。在茶园标准化建设方面，2009年农业部（现改为农业农村部）已正式启动全国标准茶园创建活动，首先在茶叶重点县市进行标准茶园建设，以集中连片的形式，集成技术、集合项目、集中力量，吸引资金、技术、装备、人才等要素，优化资源配置，搭建技术集成、产业聚集、品牌建设的有效平台，逐步实现生产标准化、管理集约化、产品优质化、经营产业化、销售品牌化，形成优势突出、特色鲜明的转型升级示范基地，突破农户分散种植、规模小、组织化程度低、质量控制难度大、市场过度分割等瓶颈制约，稳定提高茶叶产品质量安全水平，辐射和带动区域茶叶产业健康快速发展，增强产业竞争力，提高产业效益。

关于评茶师审评，是富有中国特色的审评，讲究"品茶"，用眼、鼻、舌、手等感官，对茶的色、香、味、形等进行综合审评，评出茶的高低档次，优劣之分。正规评茶有五大项、三十多个小项，有严格的国家标准，这既是历史悠久的传统文化积累，又是在传承中丰富发展。常规评茶有"一审、二观、三品"三道程序。

一审，指首先要审茶。审看茶叶的类别。我国茶类丰富，外形多样，有扁形、条形、卷曲形、砖形、饼形，等等。扁形茶如龙井、大方、瓜片等，条形茶如毛峰、毛尖等，卷曲形茶如碧螺春、黄山银钩等，饼茶、砖茶如普洱茶、安化黑茶等。评茶师一眼就能分出绿茶、红茶、青茶（乌龙茶）、白茶、黑茶（普洱茶）、黄茶、花茶等不同种类，更有经验的评茶师还可以分辨出明前茶、雨前茶、龙井茶、碧螺春茶、黄山毛峰、信阳毛尖、六安瓜片、祁门红茶、金骏眉、铁观音、大红袍、旗枪、雀舌，等等。

二观，指观察茶叶的形与色。首先是观察干茶的外形与色泽，整碎度和湿度如何，然后再看浸泡后湿茶的形与色。茶叶一经冲泡后，形状就会发生很大变化，几乎可以恢复到茶叶原来的自然状态，尤其是一些名茶，嫩度高、芽叶成朵，在茶水中亭亭玉立；有的则芽头肥壮，芽叶在茶水中上下浮沉，犹如旗枪林立。随着茶叶的冲泡，茶汤也徐徐展色，逐渐由浅入深，不同的茶类呈现出不同的汤色，有绿色、黄色、红色……，这些颜色是由茶叶中自身存在的物质所呈现出来的，绝无任何人工添加。总之，观察茶叶的色泽和形状，是一件令人赏心悦目的事情。

三品，指要品尝茶汤味，还要品闻茶香。茶香和茶味给人带来的享受无与伦比。闻茶香，先是嗅闻未经冲泡的干茶叶，茶香可分为甜香、果香、清香、花香等。茶叶的香气成分有很多，目前已确定的天然成分有343种，如绿茶类香型以清香、花香为主，其香气成分以醇类、吡嗪类物质较多；红茶类香型以甜香、果香为主，其香气成分多为醛类、脂类等。对于不同的茶，用多少温度的水冲泡，以及沏、冲、泡、煮的方法也各不相同，因为不同香气的"沸点"不同，它们只有在一定的温度下才能将香气充分发挥出来。茶叶一经冲泡后，水中便会散发出茶香，所以闻香要将冒着热气的茶汤慢慢移至鼻前，趁热闻香。闻香时，不要将茶杯久置于鼻端，而是将茶杯慢慢地由远及近，再由近及远，来回往返三四遍，阵阵茶香便扑鼻而来，令人心旷神怡。闻香后，用拇指和食指握住茶杯的杯沿，中指托着杯底，分三次将茶汤送入口中细细品饮，要小口轻啜，不要一下喝太多，这便是品茗。有经验的评茶员只要尝一口茶就可以告诉你，这是什么茶，是用自来水泡的，还是用矿泉水、纯净水泡的。茶汤入口之后要停留品味，不能立马咽下，最好舌尖要打转抿动两三次，使茶汤与舌头的不同部位充分接触。为什么要这样呢？因为茶汤滋味是茶中的各种呈味成分与人体味觉互相作用的结果。茶叶的呈味物质主要以天然的氨基酸、茶多酚及其衍生物、嘌呤碱、茶皂素等为主，不同的物质呈味感觉不一样，例如茶红素呈甜味，茶氨酸呈鲜味，茶黄素呈爽味，精氨酸呈苦味……，不同的物质含量组合，就呈现出不同的茶味，红茶滋味"浓、强、鲜"，绿茶滋味"醇、厚、爽"……而人的舌头的不同部位对甜、酸、苦、辣、咸的敏感程度也不相同，舌尖对甜味敏感，舌头的两侧对酸味敏感，而舌根对苦味敏感，所以品茶要让茶汤与舌头的不同部位充分接触，才能感受和体会到茶味的细微变化。品茶不是解渴，而是享受，这就是品茶之道。鲁迅先生曾说，"有好茶喝，会喝好茶，是一种清福。不过要享这种清福，首先就须有工夫，其次是练就嘴上特别的感觉。"那么要练就嘴上特别的感觉，就需要经过培训，并在实践中不断积累。如今，这种专门从事评定茶叶品质的职业已经存在，从事这种职业的人被称作评茶员、评茶师。根据国家职业标准，从事这个职业的人分为五级：初级评茶员、中级评茶员、高级评茶员、评茶师、高级评茶师。他们的使命首先是利用眼、鼻、口、手等感觉器官来评定茶叶的色香味形，再综合评价茶叶的品质和等级。在此基础上，其使命还有两个延伸：一是对茶叶的定价及制作、销售等环节提出指导意见，二是保障茶叶的质量安全。国家规定，茶行业要想拿到QS认证，茶企必须有2~3名持证的初级评茶员。评茶员、评茶师必须通过正规学习、专业培训并取得合格证。目前市场上对评茶员、评茶师需求很大，他们的就业方向以茶行业为主，还有餐饮、旅游等行业，发展潜力很大。近年来，评茶员的学历层次也有所提高，基本在大学本科以上，学历在硕士、博士以上的评茶员也日益增多，若有一定外语水平会更吃香。评茶员一般都有稳定的工作和较好的工资收入，评茶师就更受人尊敬了。

第四章
关于茶事器具

　　陆羽将采茶、制茶工具统称为茶具(《茶经》二之具),
将煮茶、饮茶器具统称为茶器(《茶经》四之器),我们将
茶具、茶器统称为茶事器具。在《茶经》九之略中,陆羽还
写了在野外煮茶饮茶时,带的茶事器具可根据实际情况,能
省则省。茶具省略,也可称茶事方略,体现了俭行、方便的
原则。

一　关于采茶制茶工具

　　《茶经》二之具列出了唐代制作蒸青饼茶生产全过程的七道工序：采、蒸、捣、拍、焙、穿、封（七经目）所用的工具名称及其材料、形状功能，共20件工具，是很珍贵的史料。

　　1.采茶工具。籝（别名，篮，笼，筥）。茶人采茶用的竹篮、竹笼、竹筐。容量有可装五升，或一斗、二斗、三斗的。

　　2.蒸茶工具。灶、釜、甑、箄、叉。灶，土制不用烟囱的火灶。釜，有唇口的铁锅。甑，木制或瓦制蒸笼。箄，竹制可放入、取出的蒸隔。叉，在蒸茶之后捣茶之前，用来将蒸过的芽叶进行翻动散热的木叉，防止叶色黄变。

　　3.捣茶工具。杵、臼、碓。杵，捣茶的木杵。臼，用石头或木头制成的中间下凹像盆样的捣茶器具。碓，用脚踏驱动起落，落下时砸在臼中，用以捣冲烂茶叶的木碓、石碓。

　　4.拍压成型工具。规、承、襜、芘莉。规，铁制模具，或圆形或方形或花形或砖形的模具，保证成品茶规范美观。承，石制或木制的平台或称砧台，为保证模具放在上面将茶叶拍压成型时承台不摇动，木制承台要半埋入地下。襜，又称衣，台布，是用来铺在承台台面上的罩布，模具放在襜布上拍压茶饼成型。芘莉，用来陈放茶饼，使茶饼自然干燥的带孔眼的竹编工具。

5.**焙干工具**。焙、棨、贯、朴、棚。焙，供烘焙用的土窑。棨，用作穿茶饼孔眼的锥刀。贯，竹制贯串茶饼烘焙的工具。朴，清理茶饼孔穴的竹条。棚，又称栈，是两层供烘焙时搁置饼茶的木架。烘焙时，茶半干放下层烘焙，茶全干时，放上层。

6.**穿茶工具**。穿。穿，是竹制或树皮制成的绳索，用于贯串茶饼，计数的工具。

7.**封茶工具**。育。育是饼茶封藏、复烘的工具，是用木制框架编上竹篾，糊上纸而成的双层箱子，像一个烤箱，内分两层，上有盖，中有隔，下有底板，旁有可以开闭的门。育上层放饼茶，下层中间放一盛盖灰无火焰的火盆，可煨煴火复烘饼茶，防止茶饼受潮霉变。

二 关于煮茶、饮茶器具

《茶经》四之器详细记述了唐代王公、雅士煮茶、饮茶所用的器具，含生火、煮茶烤茶、碾茶、量茶、盛水滤水、取水、盛盐取盐、饮茶、摆设盛器、清洁等器具，共28件。这些器具造型讲究，独具匠心，器具与茶品相配，力求清洁卫生，典雅美观，看似烦琐，但颇有逻辑性和文化内涵，是我国唐代茶产业和中华茶文化发展情况的重要体现。

1.生火器具。风炉、灰承、筥、炭挝、火筴。风炉，生火煮茶之用，铸铁制成，形状像古鼎。现存鼎之三足分别刻有"坎上巽下离于中""体均五行去百疾""圣唐灭胡明年铸"21字的风炉。炉足刻"坎上巽下离于中"的寓意是：坎主水，水在上；巽主风，在下；离主火，在中。风在下助火，火在中烧水；风从炉下吹，火在中间烧，水在锅上煮。这是煎水煮茶的基本原理。炉足之间设三个通风窗，分别铸有"伊公羹陆氏茶"6个古文字，可见风炉之高雅。灰承，是有三只脚的铁盘，用来盛放炉灰。筥，用竹或藤编织的盛茶用具，方便、美观。炭挝，用来碎炭的铁器，或作锤，或作斧，任其选用。火筴，用来夹炭的火钳。铁制，又称火箸。

2.煮茶烤茶器具。鍑、交床、夹、纸囊。鍑，用来煮水烹茶的铁锅，又称茶釜。交床，用来放置茶锅的木架，木架上搁中部剜空的木板，用来放锅。夹，煮茶、烤茶时用，长一尺，一般是竹制或木制，也有用铁、铜制的，取其用得久。珍贵的夹两头用银包装。煮茶时用搅汤心，以发茶性，烤茶时发出香味，是一种享受。纸囊，用白而厚的剡藤纸双层缝制的专用纸袋，用来趁热装存烤后的茶饼，保存其香气不散，"其精华之气不所散越"。

3.碾茶器具。碾、拂末。碾，木制的内圆外方的茶臼，用于碾碎茶叶；内圆便于碾碎茶叶操作运行，外方便于保持稳定。拂末，羽毛制成的拂末用具。将碾碎的茶叶从碾臼中收起后，用拂末将茶末拂清。

4.量茶器具。罗、合、则。罗，即筛。用剖开的大竹弯成圆形，蒙之纱或绢，用来筛茶末。合，用来装茶末的盒。用竹或木制成，木制盒要涂上油漆。则，汤匙形的舀茶量具。用海贝、蛎、蛤等的壳，或用铜、铁、竹等制成。则，是用茶多少的标准量具，可根据喜欢喝浓茶或淡茶人的喜好，用来控制茶量。

5.盛水滤水器具。水方、漉水囊。水方，是木制的盛水器具，木板制水方时，内外缝都要用漆涂封。漉水囊，是用来过滤煮茶之水的滤水器具，保证茶水水质。骨架用生铜制成，水浸后不会产生苔秽和腥涩味（如用熟铜易生铜绿污垢，用铁会生铁锈，使水带异味，所以要用生铜）；囊用青篾丝编织，卷成囊形，缝上绿绢，有讲究的还会缀上细巧的饰品。

6.取水器具。瓢、熟盂。瓢，用葫芦剖开制成，或用木制成，是用来舀水的工具。熟盂，是贮存开水的工具，瓷制或陶制，可盛水二升。

7.盛盐取盐器具。鹾簋、揭。鹾簋，瓷制的盛盐器皿，盐盒或盐瓶、盐罐。揭，竹制的取盐用具，轻便适用。

8.饮茶器具。碗、札。碗，盛茶饮茶的瓷碗，讲究瓷碗的品质和色泽要与茶质、茶色匹配。札，洗涮茶器的用具，形状像支大笔。

9.陈设器具。畚、具列、都篮。畚，陈放茶碗的器具，可放10只碗，陈列碗具，洁净美观。具列，木制或竹制陈列茶器的架子，具列就是收藏和陈列全部茶具的意思。都篮，竹篾编制的贮藏茶具的器具，饮茶完毕，收贮所有茶具以备再用，因全部茶具都放在篮子里而得名都篮。

10.清洁器具。涤方、滓方、巾。涤方，木制漆封容器，可容水8升，用以存洗茶具的水。滓方，木制漆封容器，可容水5升，用以盛放茶渣。巾，用以擦拭茶器的布巾或毛巾，一般要备用2块，以交替擦拭各种器皿。

从以上茶器可以看出，多种茶事器具兴起，带动了诸多相关产业的发展。茶事兴，产业兴，文化兴。

三 关于茶具省略

　　《茶经》九之略讲了在野外煮茶饮茶时，其程序、礼节可以不那么讲究，带用的器具可根据实际情况能省则省，体现了茶事俭行原则和高雅之士现煮现饮不拘于小节的饮茶风格，不必像在城市王公贵族家里，必须按规范要求，必备的茶事器具一件都不能少。这就是茶事方略。

　　陆羽写了6种情况下，可省的茶事器具。

　　1. "其造具，若方春禁火之时，于野寺山园丛手而掇，乃蒸，乃舂，乃以火乾之，则又棨、朴、焙、贯、棚、穿、育等七事皆废。"是说在初春禁火时期，在野外寺院的山间茶园里，现场采制茶叶（手采、现蒸、现舂、烤干），则烘焙茶用的土窑（焙）、穿饼茶孔眼的锥刀（棨）、清理茶饼孔穴的竹条（朴）、贯穿茶饼用的竹条（贯）、搁置饼茶用的框架（棚）、串茶饼计数的工具（穿）、成品茶封藏、复烘的工具（育-双层箱）等7件器具都不用了。

　　2. "其煮器，若松间石上可坐，则具列废。"若在野外松树间的石头上可以放置茶具，则放置陈列茶器的架子——具列就不用了。

　　3. "用槁薪鼎枥之属，则风炉、灰承、炭挝、火䇲、交床等废。"是指在野外山岗中直接用干柴烧锅煮茶，就不需要煮茶的风炉，盛放炉灰的铁盘灰承，用以碎炭的炭挝，用以夹炭入炉的火䇲及用以放锅的交床等器具了。

4."若瞰泉临涧，则水方、涤方、漉水囊废。"若在泉边或溪旁煮茶，就不用贮藏水的水方，过滤水的漉水囊，贮存洗涤后的水的工具涤方等器具了。

5."若五人以下，茶可末而精者，则罗废。"在野外饮茶的人数若在5人以下，可直接用碾细的茶末煮茶，就不用筛茶末的罗了。

6."若援藟跻岩，引絙入洞，于山口炙而末之，或纸包合贮，则碾、栿末等废。"若攀着蔓藤登上山岩，在山洞口旁烤炙茶饼碾末，或已带有纸包茶末、盒装茶末，就不用碾子和拂末了。

如果上述器具都省略了，则瓢、碗、荚、札、熟盂、盐罐等茶事器具放在一个可放10只碗的筥里就够用了，就不需要那么大的贮放器具都篮了。

四 关于茶具生产机械化智能化发展

从唐代至今，我国茶叶生产工具正在发生由传统的人力手工工具向机械化、智能化工具发展的历史性转变，我国的茶叶机械制造和茶叶生产机械化也有相应的发展。如今，我国制造和引进的茶树种植施肥机械、中耕机械、修剪机械、植保机械、灌溉机械、茶叶采收机械、茶叶加工机械（茶叶杀青机、茶叶做青机、茶叶解块机、茶叶揉捻机、茶叶理条机、茶叶炒干机、茶叶烘干机、茶叶整形机、茶叶筛选机、茶叶激光色选机、茶叶速包机等），已经在茶叶生产中运用。2018年，国务院发出了《关于加快推进农业机械化和农业装备产业转型升级的指导意见》，对"棉油糖、果菜茶等大宗经济作物全程机械化"提出了新的要求。据2019年我国农业机械化统计年报数据，全国现有茶树修剪机56.1万台，采茶机18.9万台，茶叶加工机械154.3万台（套）。在面积近300万公顷的茶园中，茶叶生产综合机械化水平近30%，其中施肥机械化9.8%，中耕机械化16.4%，修剪机械化30.8%，植保机械化40.3%，采收机械化31.2%，比较先进的福建省安溪县的茶叶生产综合机械化水平已超70%，武夷山市茶树修剪、茶叶采摘、茶叶加工机械化水平已达90%以上。过去山区茶叶运输相当困难，如今武夷茶农已开始用无人机来运输茶叶了，科技进步大大改善了茶农的生产和生活。安徽省2014年已在全省启动实施了"茶叶生产全程机械化试验示范工程"，祁门红茶制作从杀青、揉捻、炒干、烘干，到发酵、理条、解块、提香及色选、抖筛、拣梗、输送等环节，基本实现了全程机械化。黄山市徽州区谢裕大茶叶公司生产的黄山毛峰已采用大型清洁化茶叶流水生产线，全长逾百米的流水线，一头放进茶鲜叶，另一头就出来制成的成茶了，包括杀青、理条、揉捻、解块、烘干等环节，全部由电脑控制自动化生产，目前加工能力达10万千克鲜叶，茶叶加工正进一步向智能化进军。农业农村部农业机械试验鉴定总站、农业机械化技术开发推广总站通过调查研究形成了茶叶机械化生产技术装备需求目录，《茶叶杀青机》《茶叶综合做青机》《茶叶解块机》《茶叶理条机》《茶叶炒（烘）干机》等推广鉴定大纲也相继修订出台。通过实施农机购置补贴政策和装备研发创新计划项目，引导茶机企业积极加大茶叶机械的研发力度，鼓励茶农、茶叶合作社购买使用茶叶机械，推进茶机和茶叶生产机械化发展。进入新时代后，为进一步解决发展不平衡不充分问题，更好地满足人民日益增长的美好生活需要，实现高质量发展，我国茶叶生产工具和茶叶生产正在加速向机械化进军，并逐步向自动化、智能化方向发展。

第五章
关于煮茶和饮茶

　　《茶经》五之煮、六之饮记述了唐代饼茶烤煮和饮用的方法，使其规范并形成茶道，是唐代茶文化的重要体现，对唐代茶业兴盛有重要的推进作用。

一　关于煮茶

　　唐代煮茶方法是先烤炙茶饼，再捣碾成细末，取水烧水、煎煮、取饮。其过程是：①备茶备器。将准备煮饮的成茶和煮茶用具准备齐全。②炙茶。将茶饼放在火上烤，使水分蒸发以便碾末。③碾茶。用碾将烤炙后的茶饼碾成碎末并筛分。④升火。将木炭投入风炉中点燃烧水。⑤选水取水。根据茶品及水源情况，选择煮茶用的水，过滤后放入锅中烧水。⑥煮茶。⑦饮用。⑧洁器。

　　煮茶方法首先炙茶，即烤茶，是因为当时唐人品饮的茶为饼茶，是不发酵的蒸压茶，其含水量比叶茶、片茶、碎茶、末茶都高，成型后需经人工干燥或自然干燥，称为复焙。那个时代的干燥技术与包装、储存防潮技术都不够完善，因此饼茶的含水量较高，所以在饮用前如不进行烤茶以去掉饼茶的水分，则很难将饼茶碾碎成末，品饮时茶的香味就会下降。因此，煮茶前的炙茶（烤茶）很重要。

　　炙茶方法。《茶经》说，"凡炙茶，慎勿于风烬间炙，票焰如钻，使炎凉不均。持以逼火，屡其翻正，候炮出培塿状，虾蟆背，然后去火五寸，卷而舒则本其始，又炙之。若火干者，以气熟止；日干者，以柔止。"这句话就是说，凡是烤茶，切不要在迎风的火上烤，以免因火苗飘忽不定使茶饼受热不均。开始烤时，要将茶饼逼近火烤，不断翻动，使受热面均匀。当饼茶表面烤得像虾蟆背那样时，要离火五寸，远一点烤，烤至茶饼变软，且表面有白色的雾状水气冒出，此时要离火冷却一段时间，待卷缩的饼面逐渐松开恢复到开始状态，再进行复烤。干燥方法若是烘干，以足干（干透）为止；若是晒干，以变得柔软为止。反复烤茶是要避免茶饼冷热不均、外熟内生，茶饼要具备合乎要求的香气，表面呈深褐色，所以要掌握好度，未烤好不行，烤过头也不行。

需要说明的是，流行于唐代的煮茶法、宋代的点茶法用的都是饼茶。煮茶法是将茶饼碾成茶末过筛后，投茶入锅煮后饮用；点茶法是将碾筛过的茶粉先放进茶盏中，然后先用温开水将茶粉调成糊状，称注汤调膏。之后再分多次注入沸水（有说6次注汤），边注汤边用工具搅动茶膏，称击拂。每次注汤的数量和注入位置都配以相应的击拂搅动手法，由茶膏击拂成茶汤，达到饮用要求，方才饮用。所以又说点就是击拂，说点一碗茶来，就是打一碗茶来。煮茶法、点茶法都相当烦琐。唐代末期已开始出现散茶，宋代已开始出现以散茶代替饼茶的现象，散茶可直接用开水冲泡，更方便饮用。直到明初洪武八年，朱元璋下令罢贡团茶，改贡散茶，泡茶法才得以盛行。饮茶时就不再烤炙碾末茶饼了。虽然文人雅士泡茶也有诸多讲究，但对大多数消费者而言，泡茶法饮茶就方便得多了。

碾茶方法。烤好的茶饼，要趁热放入纸囊存放，保持其精华之气不散失。等冷却后将饼茶敲成小块，待小块茶倒入碾臼进行碾碎，碾成末状后，把茶末进行筛分，保证茶粒大小符合要求。符合要求的茶末一般是颗粒状，不是片状或粉状。

烤茶、煮茶的燃料，最好用木炭，其次用硬木，沾了油腻的柴、腐朽的木料不要用。《茶经》说："其火用炭，次用劲薪。其炭曾经燔炙，为膻腻所及，及膏木败器不用之。古人有劳薪之味，信哉！"即，古人有用朽木烧饭烧水有异味的传说，可信！

煮茶用水。《茶经》说，"其水，用山水上，江水中，井水下。""其山水，拣乳泉石池漫流者上，其瀑涌湍漱勿食之，久食令人有颈疾。又多别流于山谷者，澄浸不泄，自火天至霜郊以前，或潜龙畜毒于其间，饮者可决之以流其恶，使新泉涓涓然酌之。""其江水，取去人远者。""井取汲多者。"这体现了陆羽写作的严谨，实事求是的科学态度和作风，既指明了用水取向和理由，又提醒了注意事项。饮茶饮的是茶汤，因此煮茶的水质很重要。陆羽通过考察后指出，用山水最好，江水为中，井水为下。因为山泉水洁净清爽，透明度高，矿物质多，污染少，甘洌香润，水质最好，口感最佳，益于健康，所以为上。江河水是泥沙、杂质、洗涤物较多的地面水，水中溶解的矿物质不如山泉水多，也较浑浊；但其硬度较井水小，且水有流动性，较活，所以为中。井水属地下水，由于地层的渗透溶入了较多的矿物质盐类，使井水的含盐量和硬度都较大，且井水常年在阴暗的环境里，与空气接触少，水中溶解的二氧化碳也较少，泡茶的口感鲜爽味较差，所以为下。但取水用水时要注意，用清澈的、涓涓细流的山泉纯净水，不用瀑涌急流的山水，不用山谷间不流动的死水，以免染疾中毒；要到人烟稀少，污染较小的江边去取水，不要到人口密集的江中取水；要到水源清洁，经常使用的活水井中取水。

掌握水温。泡茶的水既要重水质，也要掌握好水温。开水温度很重要，最适宜的水温使茶汤的色香味口感最好。陆羽对此很有研究，他观察到烧开水有三沸："其沸如鱼目，微有声，为一沸。"是说刚冒细气泡微有声为一沸，缘边如涌泉连珠为二沸，腾波鼓浪为三沸。一沸前水尚未开，称水还嫩，还不宜泡茶。因为未煮沸的水水温还不够高，茶中的有效成分还不能充分泡出来，茶汤的香味、颜色、浓度、口感都会受到影响，茶香味淡。最适宜泡茶的开水是刚煮沸起小泡的开水，此时水已烧开，但还没达到沸点，用这种水冲泡出来的茶，茶汤色香味俱佳。这就是常说的已熟初滚的嫩汤，是可供饮用的绝佳茶汤（甘醇香洌）。因为泡茶的水温与茶叶中有效物质在水中的溶解度呈正比，水温高，溶解度大，茶汤浓；水温低，溶解度小，茶汤淡。当时还没有温度计测水温，所以没说水温多少度合适，而是凭经验形象地定性描述如何掌握水温。据研究，绿茶的泡茶水温以80℃左右为宜，沸水要放凉到80℃左右时泡茶。唐代煮茶在一沸时要适量加点盐调味，要先试尝，不宜太咸。

水烧到三沸，沸腾过久，则开过了头，称水老了。此时溶于水中的二氧化碳挥发殆尽，老水泡出的茶，茶色沉闷，滋味显苦，鲜爽味也大为逊色。《茶经》说，"沸腾鼓浪为三沸，已上水老不可食之也。"所以，水三沸之后就不可再煮了，再煮就不可饮用了。俗称过熟过滚的老汤不好饮，因为煮过头的开水，水分蒸发太多，而且水中一部分的硝酸盐由于水沸腾而转变成亚硝酸盐，使得水中亚硝酸盐的含量升高，且亚硝酸盐有毒，喝了易使人中毒，所以三沸过久的水不可食的提醒是科学的。煮茶泡茶时要注意掌握好水温，刚煮沸起泡的水为宜，水嫩（未开）、水老（过开）都是大忌。

二 关于饮茶

　　关于饮茶，《茶经》六之饮首先讲了饮茶意义深远。生于宇宙的人类与飞禽走兽一样，都要靠饮食赖以生存。"翼而飞，毛而走，去而言，此三者俱生于天地间。饮啄以活，饮之时，义远矣哉。"

　　"至若救渴，饮之以浆；蠲忧忿，饮之以酒；荡昏寐，饮之以茶。"解渴要喝水，解愁要喝酒，消除疲劳、提神醒脑，要喝茶。自古有"驱愁知酒力，破睡见茶功"之说。我国饮茶历史悠久，"茶之为饮，发乎神农氏"，陆羽列举了周公、晏婴、司马相如等历代名人都爱好饮茶，并说由于饮茶流传广，便逐渐形成了习俗，到唐代饮茶之风更为盛行。在东西两都西安、洛阳以及湖北、四川一带，家家户户都饮茶。"滂时浸俗，盛与国朝，两都并荆俞间，以为比屋之饮。"

　　饮茶有粗茶、散茶、末茶、饼茶等，由于习俗不同，或用葱、姜、枣、橘皮、茱萸、薄荷等与茶煮成茶汤，统称为茶。"天育万物皆有至妙"。人要做的是吃、穿、住都力求精极之。"茶有九难"指茶从采摘、制茶到煮饮有九大难关：一曰造（采茶制茶）、二曰别（茶品鉴别）、三曰器（茶事器具）、四曰火（取火用火）、五曰水（选水取水）、六曰炙（烤炙）、七曰末（碾末）、八曰煮（煮茶）、九曰饮（饮茶）。各个环节都有标准要求，也都有难点，都必须精心去做，力求精致做好。做不到位，则过不了关。"阴采夜焙非造也，嚼味嗅香非别也，膻鼎腥瓯非器也，膏薪庖炭非火也，飞湍壅潦非水也，外熟内生非炙也，碧粉缥尘非末也，操艰搅遽非煮也，夏兴冬废非饮也。"即，不能阴天采茶当夜就焙制，不能只凭尝味闻香就作出鉴别，不能用膻、腥器具，不能用腐、朽薪炭生火，不能用瀑涌急流的水和不流动的死水，炙烤茶不能外熟内生，碾成的茶末要用筛分后大小均匀的颗粒，不用片状的和粉尘，煮茶时搅动操作不要过急，饮茶应四季调和，不能夏兴冬废。总之，要层层把关，每个环节都不能马虎、凑合。这就是茶有九难，正确处理九难，力求精极，就能享受到茶福。

茶要趁热饮用。饮茶要讲求"珍鲜馥烈"。即茶品珍贵、茶汤鲜爽、茶香悠长、茶味醇烈，达到从饮到品的境界，使物质享受与精神享受融合。"凡煮水一升，酌分五碗，趁热连饮之。"从锅中舀出的第一碗茶汤最好，茶味悠长，称"隽永"。一般一则茶末，只煮三碗茶。因为前三碗茶可达"珍鲜馥烈"的要求，连喝三碗茶，可品出真香味。如果煮五碗，到第四五碗，滋味就差些了。如果不是特别口渴，就不要再喝了。这是用控制茶汤浓度的方法，来保证茶汤的质量口味。

煮茶要掌握容器大小与茶叶多少的关系，水不宜多，水多了味就淡了。喝茶爱好不同，茶叶量不同、茶汤浓淡度也不同。绿茶的茶汤浅黄，香气清醇，"其色缃也，其馨㰬也。其味甘槚也；不甘而苦，荈也；啜苦咽甘，茶也。"是说茶味既甘又苦，先苦后甘，是好茶的品质特征，是正宗的茶。刚喝有点苦，咽下去感觉甘甜，这就是茶。

以上是陆羽记述唐代蒸青饼茶的煮饮方法（通称煎茶法）。以后演变成宋代点茶法，明代泡茶法，延续至今。茶类也从唐代只有蒸青绿茶一类，发展到如今的绿、青、红、黑、白、黄、花茶七大类茶，细分品种更是多多。水不仅用天然的矿泉水、河水、井水，还有自来水。茶叶的冲泡，一般只要备茶、备具、备水，经沸水冲泡即可饮用。但要把茶固有的色、香、味充分发挥出来，则必须根据每种茶的不同特性，选择不同的冲泡方法，才能真正品味到不同茶品的个中滋味，达到赏心怡人的效果。所以，不同的茶，冲泡、饮用方法也有所不同。例如冲泡绿茶根据鲜嫩度不同就有三种方法：上投法、中投法、下投法。

所谓上投法，是先冲水，后投茶，适用于细嫩的茶。先将开水注入透明玻璃杯中约七分满，待水温凉至75～80℃时，再将茶叶投入杯中，随着嫩芽茶叶徐徐展开沉入杯底，汤色开始显现，茶香扑鼻，再轻轻摇动茶杯，使茶汤浓度上下均匀，即可品茶。上投法对茶的选择性较强，水温不能太高，高温沸水易伤嫩芽。例如，条索紧细、芽叶细嫩的名优绿茶碧螺春、蒙顶甘露等多采用上投法泡茶。对松散型茶叶或毛峰类茶叶则不适宜上投法，因为这类茶叶用上投法会使茶叶浮在汤面。

所谓中投法，是先将开水注入玻璃杯的大约1/3处，待水温凉至80℃左右时，再将茶叶投入杯中温润，待茶叶舒展开后，再将80℃左右的开水徐徐注入杯中约七分满处摇动，观茶形，闻茶香，稍后即可品茶领韵。中投法是分两次注水，分段泡茶法，在一定程度上缓解了一次冲泡水温偏高所带来的弊端。如条索紧结、芽叶细嫩的名优绿茶西湖龙井、黄山毛峰、竹叶青等多用中投法泡茶。

所谓下投法，是先投茶，后注水，适合茶条松散、嫩度较低的绿茶。先将茶叶投入杯中，再用85℃左右的开水注入杯的约1/3处，约15秒后再向杯中注入80℃左右的开水至七分满处，注水时要注意沿着杯壁注水，避免直接对着茶叶冲水。稍后即可品茶。如六安瓜片、太平猴魁等多采用下投法，六安瓜片一般泡饮3次，称"六安三开"。

总之，选择茶的冲泡方法，要看茶的松紧程度，一般外形紧结的高档绿茶选用上投法，条索松散的高档绿茶采用下投法。中投法则适应性较强。总体来说，绿茶的冲泡，要求茶具（茶杯或茶碗）洁净，最好用透明度好的玻璃杯（壶），次则用瓷制洁白的茶杯或茶碗冲泡，以利于衬托翠绿的茶汤和茶叶。泡茶的水质要好，如今通常选用洁净优质的矿泉水，也可用经过净化处理的自来水。水的酸碱度为中性或弱酸性，切勿用碱性水，以免茶汤深暗。煮水初沸即可，沏茶的水温在80℃左右为宜，这样泡出的茶汤青翠鲜爽。茶与水的比例为1∶50～60（即1克茶叶用水50～60毫升，3克茶叶用水150～180毫升），根据个人的口感浓淡要求掌握。有人喜欢浓茶就少加一点水，有人喜欢淡茶就多一些水，这样冲泡出来的茶汤浓淡适合口味，口感鲜醇。如果茶具是盖碗，沏绿茶先不要盖上盖。国家高级评茶师金雅丽多年前在人民大会堂参加了一个会议，主办方提供的茶叶是龙井，茶具不是玻璃杯，是盖碗。当服务人员给每个已放入茶叶的盖碗倒入热水后，多数人立即把盖子盖上了，只有金雅丽仍让茶汤敞着，没有盖上盖。过了一会儿，坐在她旁边的人细心地发现，自己盖碗中的龙井茶汤颜色显然不如金雅丽盖碗中的茶汤颜色青翠，就半开玩笑地说："是不是因为你是高级评茶师，怕你挑剔，所以给你的茶比给我们的好啊。"金雅丽回答说："龙井是绿茶，一般用玻璃杯冲泡。如果用盖碗就不能盖上盖子，否则会把龙井'焖'坏了，茶汤颜色也会变深。"听了她的解释，那人才恍然大悟，泡茶、饮茶有讲究。

"三投法"起源于散茶代替饼茶，冲泡茶代替煮茶、点茶的明代，在饮茶时根据不同季节、不同气温采取不同的投茶方法。明代张源在《茶录》（于明万历年间，公元1595年前后著成）中指出，"投茶有序，毋失其宜。先茶后汤，曰下投。汤半下茶，复以汤满，曰中投。先汤后茶，曰上投。春秋中投，夏上投，冬下投"。

泡茶讲究火候工夫，就是要掌握好泡茶的水温、合适的冲泡时间、恰当的茶水配比，把茶叶中蕴含的物质成分通过热水浸出溶解，并控制其合理的含量和比例，使饮茶人得到最佳的感受。由于茶叶种类繁多，不同茶叶的品质成分存在差别，所以对不同的茶叶，需要控制的水温、冲泡时间和茶水配比量也有所不同。例如，绿茶的冲泡水温80℃左右为宜，茶水比1：50～60；白茶冲泡水温85℃左右为宜，茶水比1：40，（贡眉、寿眉、饼茶应用沸水冲泡或煮茶）；黄茶的冲泡水温度在85℃左右为宜（黄大茶可达95℃），茶水比1：40；乌龙茶（铁观音、武夷岩茶）的冲泡水温宜用沸水，白毫乌龙等嫩芽乌龙茶90℃左右为宜，茶水比1：20～30；红茶、黑茶宜用沸水冲泡，芽叶细嫩的红茶用95℃左右开水冲泡，茶水比1：30～50；花茶冲泡水温宜在90℃以上或沸水，茶水比1：50～60。基本原则是，嫩叶茶冲泡水温低，老叶茶冲泡水温高，对于同一壶茶来说，前几泡时间短，越到后几泡时间越长，有利于充分发挥茶叶的余韵香味。

　　泡工夫茶，要将第一泡茶水倒掉，称为"洗茶"。"洗茶"是一种礼仪，有洗涤凡尘的寓意，但老百姓日常在家泡茶时，一般不需要"洗茶"。因为从营养角度说，茶叶第一泡水浸出物约60%，是茶叶中很珍贵的东西，尤其是绿茶，如果不喝把它倒掉实在可惜。从卫生角度来说，春茶是茶树经过寒冬季节后，在春天长出的嫩芽，一般不打药，做成的茶叶很鲜嫩。正规企业制作的春茶的质量安全是可以信任的，所以第一泡茶倒掉的话很可惜。再则，认为"洗茶"能洗掉农药残留是认识误区，因为多数农药是脂溶性的，如果茶叶真有农药残留，用水是洗不掉的。但泡乌龙茶、黑茶等则最好先"洗茶"，因为这些茶有些人喝第一泡时，口感会不适应，所以先"洗茶"为好。这不是为了洗干净茶叶，而是为了让茶的浓度、口感更醇和宜人。对老茶洗茶还可以唤醒茶的茶性，又称润茶。洗茶时水量以刚刚没过干茶为宜，洗茶水温同泡茶水温，洗茶时间不宜太长，一般不多于5秒。

　　红茶的冲泡。红茶的饮用方法大体可分为清饮法和调饮法两类。清饮法，就是将茶叶放入茶壶中，加沸水冲泡，然后倒入茶杯中细品慢饮。好的工夫红茶一般可冲泡2～3次，红碎茶一般只冲泡1～2次。调饮法，是将茶叶放入茶壶，加沸水冲泡后，倒出茶汤，再在茶杯中加奶或糖、柠檬汁、蜂蜜、香槟酒等，根据个人爱好，选择调配，风味各异。有人说调配茶是一种游戏，追求的是一种享受。调饮法用的红茶，多是红碎茶制的袋泡茶，茶叶浸出速度快，浓度大，也易去茶渍。

铁观音的冲泡。茶具选用盖碗或紫砂壶。先用沸水烫洗茶壶、茶碗（杯），依据个人口味，投入7～15克铁观音，冲入沸水，撇去泡沫，加盖闷泡1分钟后，即可饮用，可多次冲泡。铁观音汤色金黄清澈，叶底肥厚明亮，茶汤入口醇厚甘鲜，香气馥郁持久，有"七泡有余香之誉"。常饮乌龙茶有祛腻消食、减肥健美的功效。

花茶的冲泡。传统方法冲泡花茶是用100℃滚开沸水悬壶冲泡，盖上盖子，使茶在杯壶中闷一会儿，再打开盖子，闻香饮茶。正常可以泡三泡。国家高级茶艺技师、北京第一批从正规学校茶艺专业毕业的茶艺生、第一批国家注册茶艺培训讲师、第一届全国茶艺技能大赛银奖获得者于飞，分别在2003年法国举办的中法文化年、2006年北京莫斯科文化周、2008年北京奥运会、2010年上海世博会上，都进行了茶艺表演，展示中国茶艺，传播中国茶文化。她与很多老北京人一样，最爱喝花茶。她说花茶外形十分丰富，有球形的（如牡丹绣球）、有环状的（如金玉环）、有针状的（如金奖雪针）等，且花茶香气怡人。观赏花茶，别有乐趣。每天喝上一杯花茶，心旷神怡。于飞冲泡花茶的方法与传统方法不同，有自己的心得和体验。她冲泡花茶第一泡时只用75～80℃的温开水，再泡时水温适当增高。她说这样泡出的花茶茶汤口感不会太苦涩，而有清爽回甘之味，茶香宜人，茶叶也更耐泡。用传统方法泡花茶可以泡三泡，用于飞的方法泡花茶可以泡五六泡，不仅增加了冲泡次数，口感还好。

袋泡茶。20世纪初，美国纽约的一位茶商托马斯·沙利文意外发现，用薄纱布小袋装茶冲泡的袋泡茶，由于方便快捷很受消费者欢迎。于是市场上诞生了袋泡茶，赢利大增。袋泡茶发展至今，茶包的材质和形状不断改进，它便捷、卫生的优点，被越来越多的消费者接受。而且，袋泡茶适合品牌运作，大中城市、经济发达的城市、工作节奏快的城市，对袋泡茶的市场需求量都快速增长。如今，世界袋泡茶消费量约占茶叶总消费量的1/4，袋泡茶消费增长速度高于茶产业整体消费增长速度，袋泡茶已成为发达国家茶叶市场的主要消费品种。如英国人每天喝掉约1.3亿杯袋泡茶，袋泡茶消费量占茶叶总消费量的85%以上；加拿大这一比重更高达96%。中国茶文化倡导高雅，讲究色、香、味、形，对茶的认知还是倾向于原型茶叶，认为内装茶末的袋泡茶是低端化、不入流的。实际上，茶业发展有追求高贵与适应大众两种走向。高贵茶有需求，有受众，业内炒作名贵茶叶曾高达每斤十多万元、几十万元的天价；而每斤几十元、几百元的大众茶有更高的需求量和更多的受众。高贵茶有高利润但物稀少，真正消费得起的人也较少，而且往往出现购买者不是自己消费，而是买茶送礼，高贵茶有"喝者不买，买者不喝"的社会现象。大众茶薄利多销，方便快捷，价格亲民，货源和市场广阔。从业者应在高贵化与大众化中找到发展的平衡点和自己的着力点。实际上，北京张一元老茶庄就出售过1元1包的茶叶，为方便顾客，将包好的一指见方的小包茶叶放在一个大玻璃缸里，1元1包，取用方便。上了岁数的北京人对这种小包茶并不陌生，他们年轻时，喝茶就是一小包一小包地买。遗憾的是这种受消费者欢迎的营销模式并没有从经营理念上提高，没有去拓展营销业务，还停留在将包好的茶放在柜台玻璃缸销售的格局，应该转变经营理念和营销方式，用机械化、产业化的方式进行小袋茶包装生产，用广大消费者喜欢的便捷产品，去赢得更广阔的市场。目前中国袋泡茶消费量仅占茶叶总消费量的3%，而世界袋泡茶消费量已占茶叶总消费量的1/4，并且还呈上升趋势。目前世界上约有30亿人饮茶，每年人均茶消费1斤以上的国家有20多个。中国每年人均茶消费约1.1斤，位居19位，不到英国人均茶消费的20%。我国每年人均茶消费较多的广东省人均消费约为2斤，年人均茶消费位居全国之首的珠江三角洲地区人均消费约为4斤，可见茶的发展潜力是很大的。中国是世界第一茶叶生产大国，消费总量也是世界大国，但人均量不在前列，还有很大的发展潜力。中国茶产业要充分认识未来大众化、便捷化的发展趋势，袋泡茶的发展空间巨大。茶业发展的变革势在必行，无论是国内市场还是国际市场，我们都要做好准备，并付出努力。

第六章 关于茶的故事、传说

中国历史悠久，关于茶的故事、传说有很多，简称茶事，可从炎帝神农氏服茶解毒说起。陆羽在《茶经》中用专章"七之事"梳理了从三皇炎帝神农氏到中唐的茶事48例。本书在此基础上，再增补从古至今的茶事30例，其中还有中国茶走向世界的故事，可说是《茶经》所列茶事的延续和补充。在一定程度上反映出历史脉搏和现代茶文化的传承与发展。

在这些传说故事中，多反映出茶叶生长的优美环境，务茶人勤劳朴实的品质，加上神助、皇封。有关茶的民间传说颇具神奇色彩；茶的现代故事中多是现实记录，有纪实性。两者均具有令人信服的说服力和感染力，令人崇敬、向往、催人奋进。这些传说和故事历代流传，千古流芳。

一 西湖龙井与18棵御茶树

西湖龙井产于杭州西湖周围的群山之中，是我国十大名茶之首，是世界著名绿茶。西湖龙井分一级产区和二级产区。一级产区包括狮（狮峰山龙井村一带）、龙（龙井、翁家山一带）、云（云栖、五云山一带）、虎（虎跑一带）、梅（梅家坞一带）五大核心产区。二级产区是除了一级产区外，国家市场监督管理总局规定拥有地理标志证明商标的西湖区周边168公里的"西湖龙井"产区。

龙井茶溯源，可追溯到唐代。陆羽写《茶经》时，就有考察杭州天竺寺和灵隐寺的产茶、评茶记载。唐代西湖产茶基本集中在天竺寺、灵隐寺一带，二寺所产的茶在当时已有一定名气。那时是寺院种茶，自种、自采、自制、自饮、自用。饮禅茶，作礼茶（用茶招待客人），因此可称寺院茶。当时虽未正式命名龙井茶，但实际是龙井茶的前身。

北宋时期，西湖群山地区生产的宝云茶（葛岭宝云庵产）、香林茶（灵隐下天竺香林洞产）、白云茶（上天竺白云峰产）已是贡茶。北宋高僧辨才法师归隐故地，与苏东坡等文豪常在龙井狮峰山脚下寿圣寺品茗吟诗，辨才法师曾在西湖南高峰前的凤凰岭下筑亭，认为龙井水清洌，龙井附近产的茶甚佳，从此龙井茶名开始流传。苏东坡手书的"老龙井"匾额至今尚存在寿圣寺胡公庙十八棵御茶园中，在狮峰山脚的悬岩上。"老龙井"的龙头泉至今还流淌着甘泉，所以有"龙井茶名始于宋"之说。到南宋，杭州成了国都，茶叶生产也有了进一步的发展。

到元代，龙井附近所产的茶开始上市露面，故有"龙井茶闻名于元"之说。茶人虞伯生（虞集）《游龙井》云："徘徊龙井上，云气起晴画。澄公爱客至，雨水挹幽窦。……烹煎黄金芽，不取谷雨后，同来二三子，三咽不忍漱。"这首诗被称为我国名茶史上赞颂龙井茶的奠基之作。

到明代，龙井茶进一步走出寺院为百姓所饮用。龙井茶由寺院茶到民茶，开始崭露头角，名声逐渐远播。明万历《钱塘县志》（1609）记，"老龙井茶品，武林第一。"武林指山名，即今西湖灵隐，天竺诸山。诗人高应冕著《龙井试茶》云："天风吹醉客，乘兴过山家。云泛龙河水，春风石上花。茶新香更细，鼎小煮尤佳。若不烹松火，疑餐一片霞。"明嘉靖年间《浙江匾志》记载："杭郡诸茶总不及龙井之产，而雨前细芽，取其一旗一枪，尤为珍品，所产不多，宜其矜贵也。"明万历年《杭州府志》有"老龙井，其地产茶为两山绝品"的记述。明代文人高濂在《四时幽赏录》中提到："西湖之泉，以虎跑为最。两山之茶，以龙井为佳。谷雨前，采茶旋焙，时激虎跑泉烹享，香清味洌，凉心诗脾。"龙井茶配虎跑水，乃西湖双绝。此时的龙井茶已被列为中国名茶。在黄一正收录的当时名茶录及江南才子徐文长记录的全国名茶中，都有龙井茶。可见，龙井茶在明代已进入了全国名茶之列，故有"龙井茶扬于明"之说。

到清代，龙井茶则位列众名茶前列。诗人龚翔麟作《虎跑泉》云：

"旋买龙井茶，来试虎跑泉。松下竹风炉，活火手自煎。老谦三味法，可惜无人传。"乾隆皇帝六下江南，四次来到龙井茶产区观看茶叶采制，品茶赋诗。有诗《坐龙井上烹茶偶成》："龙井新茶龙井泉，一家风味称烹煎。寸芽出自烂石上，时节焙成谷雨前。何必凤团夸御茗，聊因雀舌润心莲。呼之欲出辨才在，笑我依然文字禅。"乾隆封胡公庙前的十八棵茶树为"御茶"，从此龙井茶更是名声远扬，驰名中外。故有"龙井茶盛于清"之说。新中国成立后，龙井茶得到了更快更好的发展。1959年被评为全国十大名茶榜首；2017年5月20日，首届中国国际茶叶博览会组委会公布了"中国十大茶叶区域公用品牌"，西湖龙井仍名列榜首；2022年4月公布的中国十大茶叶区域公用品牌价值评估前十名，西湖龙井仍稳居品牌价值第一名，是公认的声誉很高的国茶。龙井茶如今正大步向前走向世界。

一千多年来，龙井茶经历了寺茶、贡茶、中国名茶、御茶、世界名茶的发展历程，集聚了色绿、香郁、味甘、形美四绝特点。龙井茶叶色翠绿略黄，似糙米色；汤色翠绿黄莹，香气幽雅清爽，滋味甘鲜醇和，叶形扁平挺直，大小长短匀齐，叶底细嫩成朵。尤其清明节前采制的龙井茶通称明前龙井，美称女儿红，有"院外风荷西子笑，明前龙井女儿红""欲把西湖比西子，从来佳茗似佳人"的美誉。自古有"明前金，明后银"之说。西湖龙井茶集名山、名寺、名湖、名泉、名茶于一体，泡上一壶龙井茶，真所谓"茶里乾坤大，壶中日月长。"金庸赞道："天上有明星，地下有龙井，观星饮茶沁人心。"

在与西湖龙井有关的传说中，乾隆皇帝御封18棵茶树为"御茶"的故事流传最广。乾隆六下江南，四到龙井茶区。当他在众多随从的陪同下，来到狮峰山时，优美的环境，飘香的茶园，美丽的采茶姑娘，悦耳的茶歌，令他感到心情愉悦舒畅。他走进狮峰山下的胡公庙后，等候已久的高僧献上了最好的西湖龙井茶，精致的茶盏内芽叶舒展，碧绿的龙井茶清香扑鼻，品尝后顿时感觉沁人心脾，龙心大悦。品茶后，乾隆皇帝参观了茶叶采制过程。这时，忽然传来太后生病的消息，急切的乾隆将刚采的一把茶芽放入袖中，随即赶回了京城皇宫。

回宫后，得知皇太后只是积食导致肝火上升，感觉不舒服，此时太后闻到乾隆皇帝身上有一股清香，一问才知是他袖中有龙井茶芽。乾隆忙命宫女泡一杯龙井茶献给太后。太后饮后，顿感清香宜人，解积舒适，连饮几天后，竟神清气爽，倍感舒畅，连连称道这茶是灵丹妙药，是仙茶。于是，乾隆皇帝下旨封西湖狮峰山下胡公庙前的18棵茶树为御茶树，并派专人看管，年年精心采制优质龙井茶进贡宫中。此后，这18棵茶树由于受到精心培育，长得更加茁壮茂盛。这就是"18棵御茶树"的故事。

从乾隆封18棵御茶树后，龙井村就设有专职的御茶树守护者，代代相传。每代御茶树守护者都用毕生精力来守护这18棵御茶树。在龙井村越来越出名后，18棵御茶树也成了龙井村的景点和招牌，御茶园开始由村整体管理，不再由一个专职人做御茶树的守护者了。年近60岁的戚邦友是最后一位专职御茶树的守护者，他从专职岗位退下来后，还是经常到御茶园走走看看，十分关心这些御茶树的生长发育和保护情况，还常常给游客讲这些茶树的故事。他常说："我牢记我妈跟我说的一句话，'好好做茶，好好做人'。我就是这样一直坚持下去的。"2004年，执着的护茶者戚邦友背着自产的茶叶，带着儿子到北京开办了北京狮龙云茶庄。他说："能给北京父老们敬上一杯我们村自产的龙井茶，是多少年来龙井人的共同心愿。要让北京父老们了解我们龙井村，了解我们种茶人，了解真正的龙井茶。"老戚在用他的行动维护着龙井茶的荣誉。

二 碧螺春茶名的两个传说

　　1959年洞庭碧螺春在全国十大名茶中位列第二，以"形美、色艳、香浓、味醇"闻名于世，有一嫩（芽叶）三鲜（色香味）的美誉。一嫩，指碧螺春茶采摘标准为一芽一叶初展时（"旗枪"）。采摘期早，一般从3月春分开始到4月谷雨结束，不到一个月。高档极品的茶叶要更早一些，在3月中旬至4月初（清明前）采摘，有"一斤碧螺春，四万嫩春芽"之说。一斤特级碧螺春，更需要采7万～8万颗鲜嫩芽叶。形美，指叶芽幼嫩，索条纤细，卷曲似螺；色艳，指色泽银绿隐翠，满披白色茸毫；香浓，指有花果芳香，俗名"煞人香"；味醇，指入口果香味鲜美，清爽生津。碧螺春是著名绿茶中的佼佼者。

　　碧螺春产于江苏省苏州市吴中区太湖的洞庭东西山区，又称太湖洞庭山，所以碧螺春常被称为洞庭碧螺春，已有一千多年的历史。目前，吴中区共有茶园面积3万多亩*，碧螺春已成为吴中区以茶为媒，以茶会友的特色请柬。走进吴中区太湖，处处可见碧水青山，沿湖千余亩的生态茶园湿地生机勃勃，茶味香，果树美，有枇杷、杨梅、青梅、桃、李子、杏、橘、石榴等果树，间作于茶树间，茶园中，花果树的覆盖率在30%左右。果树冬天为茶树遮蔽霜雪，夏天为茶树的细嫩芽叶遮阳挡雨，常年生长在

---

　　*　亩为非法定计量单位，1亩≈667平方米。——编者注

一起的茶树与花果树相伴，根脉相通，茶吸果香，造就了碧螺春独特的天然花香果味。这里生态美，是名副其实的花果之乡。"入山无处不飞翠，碧螺春香百里醉。"生态茶园建设中把低碳经济理念引入茶园，在实践中逐步探索形成了一套有机肥培育施用系统。在茶区养殖鸡鸭，让鸡鸭在茶园树间活动，形成集种植、养殖为一体的绿色生物链。茶农种茶只能施有机肥。每年11月，还要把鸡粪、鸭粪、猪粪等有机肥埋在茶树下面，使茶树肥料充足，安全过冬，进而保证春茶的数量和质量。

关于碧螺春茶名的来源，有两个传说。

传说一，康熙赐名碧螺春。康熙三十八年（1699年），康熙南巡至浙江返京，途经苏州。江苏巡抚宋荦敬献名茶"煞人香"。康熙品尝后口感极佳，赞不绝口，但觉"煞人香"茶名不雅。因品其茶清汤碧绿，外形卷曲如螺，在早春采制，故赐名"碧螺春"，并从此定为贡茶。

传说二，为纪念碧螺姑娘，命名为"碧螺春"。传说古时太湖洞庭山上有一位美丽的碧螺姑娘深深爱着一个名叫阿祥的勤劳勇敢小伙子。太湖中有恶龙想要霸占碧螺姑娘，阿祥与恶龙搏斗，保护了碧螺。碧螺为报答阿祥，用洞庭山上珍贵的春茶给阿祥泡茶喝，使阿祥身体更加强壮。但后来，碧螺病死在爱人怀中。洞庭山春茶一直为人们喜爱，为纪念碧螺姑娘，人们把洞庭山的茶叶命名为"碧螺春"。

三　庐山云雾茶的故事传说

庐山云雾茶属绿茶，产于江西省九江市（古称浔阳）庐山一带，最佳产地在庐山含鄱口仙人洞等地，海拔800米以上的汉阳岭、五老峰、小天池是主要的产茶区。这里山水相间，云雾缭绕，土壤肥沃，茶叶品质很好。宋朝时，庐山茶已被列为贡茶。1959年，庐山云雾茶是全国评出的十大名茶之一，1971年被列为中国绿茶类特种名茶，深受国内外消费者喜爱。

庐山云雾茶历史悠久，名人雅士喜好游集庐山，品茶赋诗。民间还流传着庐山茶的故事和传说。

庐山青峰绿水，江湖水气蒸腾，云雾缭绕形成了云海奇观，风景非常

优美秀丽。毛主席曾为庐山仙人洞作诗："暮色苍茫看劲松，乱云飞渡仍从容。天生一个仙人洞，无限风光在险峰。"诗仙李白作诗《望庐山瀑布》赞曰："日照香炉生紫烟，遥看瀑布挂前川。飞流直下三千尺，疑是银河落九天。"香炉，指庐山香炉峰，与旁边的瀑布遥相对望。诗人孟浩然在《晚泊浔阳望香炉峰》一诗中写道："泊舟浔阳郭，始见香炉峰。"陆羽曾在庐山取水煮茶，将庐山谷帘泉评为"天下第一泉。"关于庐山云雾茶的由来，有这样一个传说：一日，孙悟空在花果山忽然想要尝尝王母娘娘喝的仙茶，于是飞到天庭的茶园去寻茶。当他不知道如何采茶时，一群仙鸟飞到茶园，帮孙悟空用口衔了仙茶的茶籽飞回花果山，途经庐山上空时，看到庐山的美丽风景，情不自禁地唱起歌来，口中的仙茶籽便掉入了庐山的岩隙中，随后便长出了清香袭人的庐山云雾茶。

另一个传说是庐山种茶始于东汉，佛教传入，寺庙兴起，寺僧在云雾山中种茶制茶，饮茶禅茶，称云雾茶。由于山上气温较山下低，庐山云雾茶的采摘期较晚，不采明前茶，一般在谷雨之后到立夏（4月下旬—5月上旬）开园采摘。采摘标准是一芽一叶初展（"旗枪"），长度3厘米左右。唐代著名诗人白居易曾在庐山香炉峰结茅为屋，在草堂居住，并开辟茶园圃茶，悠然自得，乐在其中。白居易作诗曰："如获终老地，忽乎不知还。架岩结茅宇，辟塈开茶园。"他在香炉峰顶大林寺看到桃花开放时，写诗《大林寺桃花》，"人间四月芳菲尽，山寺桃花始盛开。长恨春归无觅处，不知转入此中来。"妙笔写明了山上的桃花开得比山下晚的情景。

庐山云雾茶从外形来看，一芽一叶，条索紧结，圆润饱满，白毫秀丽，干茶呈翠绿色；冲泡的开水温度80℃左右为宜，最宜的茶具是透明玻璃杯，冲泡的茶水，芳香怡人，带豆花香，如幽兰，茶汤绿而透明，叶底嫩绿微黄，入口鲜爽浓醇。1959年，朱德元帅在庐山品饮庐山云雾茶后作诗赞曰："庐山云雾茶，味浓性泼辣。若得常年饮，延年益寿法。"

四 安溪铁观音的传说

安溪铁观音是当代中国十大名茶之一，有乌龙茶极品的美誉，属半发酵茶类，兼有绿茶与红茶的特点，深受大众喜爱。有诗赞铁观音："七泡余香溪月露，满心喜乐岭云涛。"为什么茶名叫铁观音呢？民间有神引、皇封两个传说。

传说一，神引，观音托梦。相传在清乾隆年间，福建安溪尧阳松岩村有个叫魏饮的茶农，每天勤劳种茶，虔心向佛，敬奉观音，早晚都要在观音佛像前敬奉清茶，燃香敬拜，十年如一日，从未间断。

有一夜入睡后，梦得观音指点。他出门走到一条小溪边，忽然在溪旁石缝中发现一棵枝繁叶茂，兰花芳香四溢的茶树，跟自己日常所见的茶树不同，甚是喜悦，正高兴时，醒来却是一梦。第二天早晨起来，魏饮就顺着昨夜梦中的道路一路寻找，果然在石缝间，找到了梦中所见的那株与众不同的茶树，其叶形椭圆，叶肉肥厚，嫩芽紫红，绿叶青翠。魏饮十分高兴，感谢观音的指点。他将这株茶树挖回，移植在家里的一口铁鼎里，悉心培育，茶树长得日益粗壮茂盛。因此树是观音托梦指引所得，是在观音仑发现，又是在铁鼎里培育长大，所以取名"铁观音"。此后，魏饮剪下"铁观音"母树树枝，在"烂石"地里扦插繁殖，越种越多，引起了周围乡亲们的关注。他就告诉了乡亲们此茶树的来历，并带动乡亲们一起种植铁观音茶树。铁观音茶汤黄亮，浓艳清澈，味鲜回甘，香味独特，且馥郁持久，可多次冲泡，深受人们喜爱。铁观音名气越来越大，茶农收入也日益增多。经过多年努力，铁观音已享誉中外，安溪已发展成很有名气的铁观音茶乡。

传说二，皇封，乾隆赐名。相传，安溪西坪尧阳南岩仕人王仕谅，在南山之麓修建了一座书房，取名"南轩"。王仕谅常邀好友会文于南轩。乾隆元年春天，王仕谅常在夕阳西下时在南轩旁散步，思文理绪。有一天，他在散步时忽然发现山麓层石间有株与众不同的茶树，就将这株茶树移植到了南轩茶圃内精心培育，并将此树茶叶采制成茶，泡饮品尝，香馥味醇，七泡还有余香，真是好茶。于是以此茶树为母树，剪枝扦插，年年繁殖，并精制好茶。乾隆六年（公元1741年），王仕谅奉召进京，面见礼部侍郎方望溪，他将带来的自制茶叶敬送方侍郎品尝。方侍郎品尝后，鉴其味非凡，便转送朝廷，敬献皇上。乾隆饮后大加赞赏，召见王仕谅，垂问尧阳茶史，知此茶来历。因茶叶肥壮，乌润结实，沉重似"铁"，味香形美，犹如"观音"，特赐名"铁观音"。自此，安溪铁观音名声大震，名扬天下。

如今，安溪铁观音已享誉世界。2017年5月20日，安溪铁观音名列首届中国国际茶叶博览会组委会公布的"中国十大茶叶区域公用品牌"之中。安溪已是中国产茶第一大县，多年位居全国重点产茶县第一位。安溪是铁观音的故乡，铁观音一年分四季采制，最好的时间是4—10月。谷雨至立夏（4月中下旬至5月上旬）为春茶，夏至至小暑（6月中下旬至7月上旬）为夏茶，立秋至处暑（8月上旬至8月下旬）为暑茶，秋分至寒露（9月下旬至10月上旬）为秋茶。铁观音采摘讲究采成熟的嫩芽，即新梢形成驻芽，等到对夹开展，一芽两叶或一芽三叶，称为开面采。在制作中，做青（摇青与摊置多次交替相间进行）是制作好铁观音的关键工序，特殊的制作工艺孕育了独特的茶香。茶产业是安溪的一号工程，支柱产业。全县茶园面积稳定在60万亩左右，精心建设的园林中有茶，茶边有林，茶园还套种了桂花、黄豆，是四周有水源的高标准生态茶园。茶业受益人口有80多万，2013年农民人均纯收入已超过1万元，大大超过了当年全国8 896元的平均水平。茶产业又是安溪一业带百业的基础产业。2013年，安溪县域综合实力已跃升至全国百强县的行列，位居第75位。安溪是福建省的十强县，并且正在进一步向生态县迈进，向绿富美转型升级，向营造富裕幸福美丽的茶乡、中国茶业第一强县迈进。

五　武夷大红袍的传说

武夷大红袍是我国十大名茶之一，素有"茶中状元"的美称，主要产地在福建省武夷山市，最佳产地是武夷山天心岩天心寺之西，九龙窠的高崖峭壁上，所以采摘、运输相当困难，自古有用猴摘茶之说。如今，茶叶运输已用上了无人机。九龙窠岩壁高耸，岩顶终年细泉流淌，碧水青山，云雾弥漫，日照较短，土壤肥沃。特殊的自然环境成就了大红袍的优良品质，使其滋味醇厚，富有岩韵，所以又称武夷岩茶。据传原种母树只有四株，现仅存三株，十分珍贵。

无人机运输茶叶

大红袍成品茶外形条索紧结、壮实。采摘标准是新梢3~4叶开面。大红袍茶色青褐，茶汤橙黄清亮，叶片呈红绿相间色彩，有绿色镶红边的特色，带桂花香，味浓显涩，称"岩韵"；耐冲泡，七八泡仍有余香，是其他茶所不及；最宜茶具是紫砂壶、盖碗。人们把武夷岩茶称闽北乌龙茶，就是指它地处闽北、靠山，与地处闽南、靠溪的闽南乌龙茶有区别，闽北乌龙茶有"岩韵"。安溪铁观音为闽南乌龙茶，其特点是味甘醇，香味足，且持久。南北相映，又各有特色，都是乌龙茶中的佼佼者，有人说："仁者乐山，智者乐水"，福建一北一南的乌龙茶，一个靠岩，一个靠溪，真是仁智双全了。

人常说，"从来名士能评水，自古高僧爱品茶"武夷岩茶是高僧所好。清代著名文人袁枚是杭州人，自然喜欢龙井茶。他谈了他对武夷岩茶从不喜欢到接受的转变过程，让我们体会到了武夷岩茶内在的强大引力，并喜欢上它。袁枚说："余向不喜武夷茶，嫌其苦如药。"但当游武夷山后，有所转变，"僧道争以茶献，杯小如胡桃，壶小如香橼，每斟无一两，上口不忍遽咽。先嗅其香，再试其味，徐徐咀嚼而体贴之，果然清芳扑鼻，舌有余甘。一杯后，再试二三杯，令人释躁平矜，怡情悦性，始觉龙井虽清而味薄矣。"袁枚谈了亲身体会，也讲了道理，武夷岩茶确有其独特的韵味，能使人怡情悦性。

武夷山自古就是佛道兼容的名山，很多茶树都是寺院或者道观种植，归寺院或道观管理，著名的大红袍就归天心的永乐禅院。为什么武夷茶叫武夷大红袍呢？传说中有这样一个故事。

古时有一位穷秀才上京赶考，由于穷困劳累，途中病倒在武夷山下。天心寺的老方丈将其救起，为他泡了碗寺中自产的茶让他喝下，秀才病情见好。秀才病好后谢了方丈，赶去应考，金榜题名中了状元，并招为驸马。状元不忘天心寺方丈之恩，为了谢恩，在荣归故里回乡的路上，特意到武夷山天心寺谢恩。回京时带了些天心寺的茶叶，正遇上皇上偶感不适，便以此茶敬献皇上。皇上饮此茶后顿觉舒适，龙心喜悦，病愈后即命状元带上御赐的红袍去武夷山致谢。状元到了天心寺，命人将红袍披盖在武夷山岩壁的茶树上，阳光照射，闪现红光，见此情景，无不惊喜万分，从此人们把此茶树称为"武夷大红袍"。此茶之所以出名，一是茶质高，二是茶德好。民间争相传诵武夷大红袍为"茶中状元"。

"大红袍"还有一个传奇故事。据2020年7月20日新华网载文披露[*]，1972年美国总统尼克松访华时，毛泽东主席会见了尼克松，并赠送他四两（相当200克）大红袍茶。周恩来总理告诉尼克松这茶极其珍贵，尼克松肃然起敬，深感荣幸。这款令尼克松肃然起敬的茶叶，就产自福建武夷山"大红袍"的母树。"大红袍"茶在中美两国关系正常化进程中作为珍贵礼品，做出了重要贡献！

---

　　* 此资料参阅自新华网，2020年7月20日，作者：冰凌，题目：《中美茶缘悠远　见证中美两国交流与发展》。

六 "君山银针" 名称的由来

　　君山银针是1959年我国评出的十大名茶之一，也是唯一名列十大名茶的黄茶，风韵独特。其名称的由来有个民间传说。

　　君山银针产于湖南岳阳洞庭湖中的君山岛。君山岛是一个秀丽的湖岛，与江南第一名楼岳阳楼隔湖相对。李白有"淡扫明湖开玉镜，丹青画出是君山。"的赞美诗句。这里气候湿润，年平均降水量1 340毫米，土壤肥沃，林木繁茂，云雾弥漫，十分适宜茶树生长。岛上的茶叶满披茸毛，底色金黄，唐代曾叫"黄翎毛"。特殊的制茶工艺"闷黄"，是在一定湿热条件下，使茶叶进行轻微发酵而发生由绿到黄的"黄变"。即，与绿茶比较，使干茶颜色由绿变成嫩黄滋润，使茶汤由绿变成杏黄明净，使叶底也由绿变成黄亮，故称"黄变"，属黄茶。君山银针只采单芽为原料，所以称黄芽茶，成品茶茶芽挺直，形似银针；沏泡后，牙尖冲向水面，根根悬空竖立，然后缓缓下落，竖立于杯底，十分美观；黄叶、黄汤，口感甘爽鲜醇，是很有特色的茶中珍品。

　　民间传说君山茶第一粒种子是4 000多年前娥皇女英播下的，是仙茶。后唐明宗皇帝品尝君山茶时，杯中白雾升腾，现出一只白鹤，白鹤展翅而去，对他点了三次头。唐明宗深感此茶珍贵，看到杯中茶叶悬空直竖，像银针一般，于是称此茶为"君山银针"。清乾隆皇帝下江南时，品尝君山银针茶后倍加赞许，把君山茶定为贡茶；清代诗人万年淳写诗称赞曰："试把雀泉煮雀舌，烹来长似君山色。"

如今，全国黄茶产量已达8 600多吨，已有湖南、安徽、广东、湖北、江西、四川、贵州、陕西、广西、浙江10个省份生产黄茶，除生产黄芽茶外，还生产黄小茶、黄大茶，我国黄茶总体呈发展趋势。

七 福鼎白茶，太姥娘娘救世茶

仙翁指点，白茶能治病，能致富。

福建福鼎有太姥山。民间有太姥山太姥娘娘用白茶济世救人的传说。据传尧帝时有一女子在太姥山上居住，以种蓝为业，乐善好施，人称蓝姑。有一年，突然麻疹流行，人们成群结队上山采药为孩子治病，但都无法医治，病魔夺走了一个又一个幼小的生命。善良的蓝姑心如刀割，求神施救。一天夜里，南极仙翁托梦指点蓝姑，"蓝姑，在你栖身的鸿雪洞顶有一株树，芽叶满披白毫，名叫白茶。白茶树的叶子晒干后泡开水喝，是治麻疹的良药。"蓝姑醒后，马上借着月光急忙攀上鸿雪洞顶，顶上岩石垒垒，荆棘丛生。她仔细寻找，突然在榛莽之中发现了与众不同的白茶树，高兴地大叫："是白茶树！"遵照仙翁嘱咐，她迫不及待地将树上的茶叶采摘下来装进衣兜，她发现刚采摘过叶片的树枝上又神奇地长出了新

叶。她悟道，"这是仙翁赐福民间的仙树。"蓝姑按仙翁所教，把白茶树叶晒干后，用开水冲泡给出麻疹的孩子喝，真有祛病奇效，喝后见好。为了尽快救治病人，蓝姑不顾劳累，努力采茶、晒茶、泡茶，再送茶给病人喝，还教乡亲们如何泡茶给出麻疹的孩子喝，终于治愈了很多患病的小孩，战胜了麻疹病魔。人们感恩戴德，把蓝姑奉为神明，尊称她为太母，她住的这座山也改名为太母山。到汉武帝时，派遣侍中东方朔到各地授封天下名山，太母山被封为天下三十六名山之一，并赐名为太姥山。现在的福鼎太姥山据说还留有太姥娘娘种植的福鼎大白茶古茶树。

　　善良的蓝姑一直没有停止过对乡亲们的帮助，后来被仙人点化升天成仙。人们怀念她，尊奉她为太姥娘娘。蓝姑成仙后，依然牵挂着家乡，每年七月七，都要回来看望乡亲们。当她看到勤劳善良的乡亲们还是那样穷苦肌瘦时，心里十分难过，回到天上，不禁大哭起来。南极仙翁知道此事后，指点她道："不要伤心，你可以帮助乡亲们勤劳致富嘛，你还记得那棵茶树吗？它不仅能治疗麻疹，还有生津提神，祛病强身的功效。太姥山，适种茶，能致富。你可以教乡亲们种茶，把白茶树枝剪下来扦插，枝长成树，再剪再插，如此种植，茶树越来越多。太姥山周围都可种上白茶树，茶可卖钱，茶树多了，乡亲们不就富起来了吗？"蓝姑听后恍然大悟，非常欣喜。她谢过仙翁指点，立即采取行动。她要找一个带头人。

　　太姥山中有个竹栏头村，村里有个勤劳朴实的年轻人叫陈焕。他家上有年老多病的父母，下有尚未成年的孩子，全靠陈焕夫妻二人上山砍柴维持生活，非常艰苦。一天，夫妻俩在山上砍柴时，妻子不幸崴了左脚，陈焕背起妻子走进鸿雪洞歇息。在洞中见到太姥娘娘神像，陈焕想：人说上山求太姥，下海求妈祖。我要向太姥娘娘为乡亲们讨个生计。于是，夫妻俩舀起丹井的水净手，在娘娘像前燃香膜拜祈祷。太姥娘娘见到这对勤劳朴实虔诚的夫妇很高兴，这正是她要找的传人，于是就将白茶的秘密传授给了他俩，并叮嘱要带领乡亲们共同种茶致富。陈焕夫妇得到娘娘秘传后，自己努力种茶，还教乡亲们种茶，经过多年的努力，他们育成了举世闻名的福鼎大白杀，福建太姥山区也变成了有名的茶乡。茶农因种白茶而增收致富，由此兴起的茶商更是把白茶畅销到国内外，盛名远扬。2017年5月20日，福鼎白茶在首届中国国际茶业博览会组委会公布的"中国17个优秀茶叶区域公用品牌"中名列榜首；在2022年4月公布的中国十大茶叶区域公用品牌价值评估中，福鼎白茶位列第五位。

如今，驰名中外的福鼎白茶多采用福鼎大白茶茶树和福鼎大豪茶茶树的叶芽制造成茶。白毫银针、白牡丹等名优白茶在海内外都享有盛誉。白茶的制作工艺独特，不炒不揉，鲜叶经萎凋、干燥两道工序加工，只轻微发酵，保持原茶本色。福鼎白茶具有外形芽毫完整，满披白毫，香味清鲜，汤色黄绿清澈，滋味清淡甘醇等特点，是我国几大茶类中的特殊珍品。有年份的白茶更具独到的药用功效，据传老白茶三年为药，七年为宝，其保健养生作用越来越受国内外消费者的关注。据说英国皇室也十分青睐白茶，还有很多海外华人不可一日无白茶。

八 黑茶千两茶的魅力

　　千两茶是湖南安化黑茶中很有魅力的名茶，被台湾茶书誉为"茶文化的经典""茶中的极品"。如今，千两茶在广东、台湾，以及东南亚市场颇为盛行，日本、韩国等地的茶商以千两茶作为镇店之宝，千两茶收藏之风盛行。茶学界称千两茶"世界只有中国有，中国只有湖南有，湖南只有安化有"。为什么千两茶有这么大的魅力呢？原因有四：便利运输、统一规格、质量上乘、外形美观。

　　先说便利运输、统一规格。从15世纪后期开始，安化黑茶从湖南安化运销到西北游牧民族地区，这些地区以牛羊肉和奶酪为主食，"腥肉之

食非茶不消，青稞之热非茶不解""宁可三日无粮，不可一日无茶。"经过茶商和市场的长期甄选，安化黑茶由于滋味浓厚醇和，且量多价廉，便于运输和存放，所以很受欢迎。山西、陕西、甘肃、湖北等省籍商人，各成一行帮，来安化采购和制作黑茶。资本雄厚的晋、陕、甘茶商，还在安化建有楼阁，设立行帮组织和商业铺面。在清道光元年以前，陕西商人驻益阳委托行栈汇款到安化定购黑茶，或以羊毛、皮袄换购，因资金较少，进货不多，受托栈行雇人下乡采买茶叶原料，踩捆成包，以利运输，人称"滚包商"。最初每包大小形状和重量各不相同，因情而异；后来逐渐统一为小圆柱形，重为老秤10斤，称"百两茶"。清同治年间，晋商"三和公"茶号在"百两茶"的基础上选用较佳原料，增加重量，用棕与篾捆成圆柱形，每支净重一千两，称"千两茶"，圆柱长约5尺*，圆周1.7尺，做到了规格统一。很有意义的是，规格化的茶砖在一定历史条件下，还被赋予了一种特殊的功能，当货币使用，茶砖可当作钱，可以物易物。

再说质量上乘，形象美观。千两茶把茶叶制作成立柱形状，经过炒、渥、蒸、干等全程20多道工序，其干燥定型则采取日晒夜露的办法，凉置50多天，使其具有特殊的香气、滋味，经久耐泡，是生命之茶，健康之饮。严格保证茶叶质量，百两茶、千两茶有一个总的称呼——花卷。这有三重含义：一是用竹篾捆束成花格篓包装；二是黑茶原料含花白梗，特征明显；三是成茶身上有经捆压形成的花纹。茶呈圆柱，像一本卷起来的书，故称"花卷"，其包装独特，外形挺拔，很具视觉冲击力。花卷茶外形色泽黑润油亮，汤色橙黄鲜明，滋味醇厚，味中带蓼叶、竹黄、糯米香味，存放越久，品味越佳，越陈越香。如今花卷茶由卷形改成了砖形，称花砖茶，砖面四边有花纹，以示与其他砖茶的区别。

---

* 尺为非法定计量单位，1尺≈33.3厘米。——编者注

安化县在全国重点产茶县中位居前四位。黑茶是安化县的支柱产业，位居全国黑茶第一。在2017年5月公布的中国十大茶叶区域公用品牌中，安化黑茶位居第三。目前，安化县茶园面积已达31万亩，茶产业年综合产值超过220亿元，有36万人从事茶产业及其关联行业。安化黑茶正加快实施黑茶品牌建设工程，严格按标准生产，并建立了全国首个国家级黑茶产品监督检验机构，黑茶的质量把控在全国处于领先地位，安化黑茶已成为国家地理标志保护产品。

九 余秋雨论普洱茶

文化学者余秋雨在他所著的《极端之美》中，对普洱茶作为纯粹的"生态文化"发表了他的见解。人们喜爱普洱茶，纯粹是因为它朴实无华、纯真的自然特性，喝上了就再也放不下。而且这种放不下纯属自然，毫无"炒作"和"忽悠"的动机。

余秋雨说，他的家乡出龙井茶，马兰的家乡出太平猴魁，他们喜欢绿茶的清香，深知绿茶的魔力。后来喝到乌龙茶铁观音、大红袍和红茶金骏眉，又喜欢铁观音的浓郁清奇，大红袍的饱满沉着，金骏眉的高贵格调，这些茶都喝得不少。喝名茶，品名茶，后猛然遇到普洱茶。

他刚开始看到普洱茶的样子感觉并不好，他写道："一团黑乎乎的'粗枝大叶'，横七竖八地压成了一个饼型，放到鼻子底下闻一闻，也没有明显的清香。抠下来一撮泡在开水里，有浅棕色漾出，喝一口，却有一种陈旧的味道。"这让茶客想扭身而走，但又停步犹豫了。心想为什么世间不少生活品质很高的人热爱普洱茶呢？这些人各有自己的专业成就，不存在"炒作"和"忽悠"普洱茶的动机。于是，茶客又回过头来，试着找一些懂行的人一起喝正经的普洱茶来解开这个谜团。这一回头不要紧，这些一度想走的茶客很快就喝上了普洱茶，再也放不下了。这是怎么回事呢？究其原因，余秋雨写了三点：第一，是普洱茶有健身功效；第二，是普洱茶口味独特；第三，是普洱茶有人文深度。

论功效，余秋雨写道："几乎所有的茶客都有这样的经验：几杯上等的普洱茶入口，口感还说不明白呢，后背脊已微微出汗了。随即腹中蠕动，胸间通畅，舌下生津。"他幽默地写道："普洱茶以自己不轻盈的外貌，换得了茶客身体的'轻盈'。"

他举例说，"想当年，清代帝王们跨下马背，过起宫廷生活，最大的负担便是越来越肥硕的身体。因此当他们不经意地一喝普洱茶，便欣喜莫名。"雍正时期，普洱茶已作为贡品进贡朝廷。"乾隆皇帝喝了这种让自己轻松的棕色茎叶，就到《茶经》中查找，没查明白，便嘲笑陆羽也'拙'了。"作诗曰，"点成一碗金茎露，品泉陆羽应惭拙。"乾隆用金茎露来指称普洱茶，可见不凡。《红楼梦》里写，哪天什么人吃多了，就有人劝"该焖些普洱茶喝。"宫廷回忆录也提到："敬茶的先敬上一盏普洱茶，因为它又暖又能解油腻。"

余秋雨继续写道，"由京城想到茶马古道，那一条条从普洱府出发的长路，大多通向肉食很多，蔬菜很少的高寒地区。那里本该发生较多消化系统和心血管系统的疾病，而实际情况并非如此。人们终于从马帮驮送的茶饼、茶砖上找到了原因。""茶之为物，西戎、吐蕃古今皆仰食之，以腥肉之食，非茶不消。""一日无茶则滞，三日无茶则病。"现代医学检测手段已经证明，普洱茶确实具有降血糖和降血脂的明显功效。因此，普洱茶风行的理由成立。不仅如此，普洱茶还有一个优点，那就是喝了不影响睡眠。即使在夜间喝了，也能倒头酣睡。这个好处，在各种茶品里几乎绝无仅有，实在是解除了世间饮茶人的莫大忧虑。因此普洱茶就在夜色中成了霸主。

论口味，余秋雨写道，"如果普洱茶仅仅是让身体轻盈健康，那它也就成了保健食品了。但它最吸引茶客的地方还是口感。"他写道，"经常看到一些文人以'好茶至淡''真茶无味'等句子来描写普洱茶，其实是把感觉的失落当作了哲理，有点误人。不管怎么说，普洱茶绝非'至淡''无味'，它是有'大味'的。"他还写道："如果一定要用中国文字来表述，比较合适的两个词：陈酽、暖润。"普洱茶在陈酽、暖润的基调下变幻无穷，每种变换都会进入茶客的感觉记忆，耐人回味，这是大味。

论深度，余秋雨写道，普洱茶"空间幽深，曲巷繁密，风味精微。""以我看来，普洱茶丰富、复杂、自成学问的程度，在世界上只有法国的红酒可以相比。"他举证说，"在最大分类上，普洱茶有'号级茶''印级茶''七子饼茶'等代际区分，有老茶、熟茶、生茶等制作贮存区分，有大叶种、古树茶、台地茶等原料区分，又有易武山、景迈山、南糯山等产地区分。其中即使仅仅取出'号级茶'来，里边又隐藏着一大批茶号和品牌。哪怕是同一个茶号里的同一种品牌，也还包含着很多重大差别，谁也无法一言道尽。"余秋雨与台湾的邓时海先生、菲律宾的何作如先生、香港的白水清先生等饮茶、品茶，余秋雨写道："一起不知道喝过了多少茶，年年月月茶桌边的轻声品评，让大家一次次感叹杯壶间的天地实在是无比深远。""连冲泡也大有文章。有一次在上海张奇明先生的大可堂，被我戏称为'北方第一泡'的唐山王家平先生，'南方第一泡'的中山苏荣新先生和其他几位杰出的茶艺师一起泡着同一款茶，一盅一盅端到另一个房间，我一喝便知是谁泡的。茶量、水量、速度、热度、节奏组成了一种旋律，上口便知其人。""进了嘴里边，处处可以心照不宣，不言而喻，见壶即坐，相见恨晚。这样的天地，当然就有了一种舍不得离开的人文深度。"

"以上这三个方面，大体概括了普洱茶吸引人的原因。但是，要真正说清楚普洱茶，不能仅仅停留在感觉范畴。普洱茶的'核心机密'应该在人们的感觉之外。"从朴实自然，到大味陈酽、暖润，再到高深莫测，再也放不下，舍不得离开，是从物质境界上升到了精神境界。

十 藏茶诞生和发展的故事

南路边茶的贡献永载史册

由于青藏高原的生态环境，蔬菜瓜果稀缺，居民多食肉、饮乳、吃糌粑。人吃这些食物，就需大量饮茶，以助去脂肪、解油腻、利消化、排毒素，调节生理机能。总之，喝茶有益健康。故有"以腥肉之食，非茶不消；青稞之热，非茶不解""宁可三日无食，不可一日无茶；一日无茶则滞，三日无茶则病。"之说。现代科学研究也证明，茶是人类在高原生存不可或缺的必需品。在藏区，茶是家家必备的食物。

传说吐蕃王朝时期，藏王患病，拜神求医都未能治，众大臣十分着急。一日，藏王正独坐诵经，突然飞来一只口衔一片绿叶的小鸟，将叶片

放到藏王手中，然后向天空飞去。藏王闻到叶香清新怡人，把绿叶放入口中慢慢咀嚼，顿感神清气爽，浑身舒畅。他悟到是神在指示他，这绿叶可治病，于是下令要找到那种清香的绿叶。大臣们带人四处寻找，跋山涉水，终于在蜀地雅州（今四川雅安市）的蒙顶山找到了那清香的绿叶。经询问，方知这绿叶叫茶，常饮茶有益脾胃，且能延年益寿。蒙顶山茶始于植茶始祖甘露大师吴理真，有"仙茶"之称。于是大臣们把此茶带回向藏王禀报，藏王在饮茶后身体好转康复，心情愉悦，晓谕臣民常饮此茶以保健康。从此，蒙顶山茶（雅安南路边茶）飘香青藏高原，长期造福藏区同胞。

　　我国自古把销往边疆地区的茶，通称边茶。蒙顶山地处雅州（今雅安市），在成都之南，此地生产的远销边区的茶称为南路边茶，雅州是南路边茶的主产区，南路边茶最为藏族同胞喜好，尤其是"康砖"茶、"金尖"茶名扬雪域高原，老少皆知，无人不晓。千年来，藏区同胞把南路边茶奉为生命之美，健康之宝，尤其唐太宗贞观十五年（公元641年）文成公主嫁藏王松赞干布入藏时，将茶叶作为汉藏交好、婚姻美满的象征，更把西藏地区饮茶之风推向了一个新高度、新境界。藏家供菩萨、拜祖宗，谈婚论嫁，迎来送往，茶无处不在。宋代茶马交易时期，50千克边茶，可换4尺4寸*的战马一匹，朝廷每年换马，所需的150万千克边茶，主要出自以蒙顶山为中心的茶叶产区。自南宋开始，改边茶官榷为自由买卖，茶马互市十分活跃，茶马古道背夫高歌，马帮铃响，商机无限。如今，汽车运输更是盛况空前。

　　1985年，西藏自治区成立20周年时，中央人民政府赠送西藏的贺礼中，就有每户农牧民一份"康砖""金尖"礼品茶。藏族同胞品尝到质量好、砖形美观，色、香、味均属上乘的礼品茶后，激动地说："感谢党中

---

　　*　寸为非法定计量单位，1寸≈3.33厘米。——编者注

央、国务院的关怀！我们从茶中充分感受到民族大团结的情谊和祖国大家庭的温暖！"20世纪80年代中期和21世纪初，十世班禅和十一世班禅先后到雅安考察，不忘边茶功德，说馨香味醇的边茶是"藏汉民族团结的纽带"。南路边茶的贡献永载史册！

藏人自办茶厂制茶开创了边茶变藏茶新篇章

藏族人世世代代喝边茶，却不知道边茶是怎么制出来的。进入21世纪，长期经商的藏族人次仁顿典为了在退休之年了却一个心愿：喝了一辈子茶，要亲眼看看这茶是怎么做出来的。2001年，次仁顿典专程从拉萨到雅安。当他看到满山翠绿、美不胜收的茶园，看到边茶的制作过程时，激动不已，顿然产生了要在这里办茶厂的想法。他的想法得到了藏胞的支持，通过努力，他在这里兴建了中国第一家藏族人办的茶厂——朗赛茶厂。一个喝了上千年边茶的民族，从此有了自己的制茶人！有了自办的茶厂。次仁顿典的心愿也得以实现！他喝下自己茶厂生产出的第一杯茶，注册了"金叶巴扎"和"仁增多吉"两个商标，并建成速溶茶生产车间，开发出速溶油茶等新产品，培养出了第一代藏族制茶技师高手，形成了既继承边茶，又有藏族制茶特色的新茶。新茶运抵拉萨，在各超市、商场推出，供顾客品尝，好评如潮。有远见卓识的人则把藏人生产的茶叶不叫边茶，取名叫藏茶。雅安城里的藏茶馆也随之开张，茶产业与藏文化融合，格桑花绽放，高原风扑面，一招一式，呈现出藏式格调，开创了边茶变藏茶的历史新篇章！

由于年龄和身体的原因，次仁顿典回到拉萨安度晚年，他的儿子加央罗点成了在雅安经办茶厂的接班人，一代接一代，传承发展。加央罗点勇挑重担，不负使命，决心生产出更多更好的茶产品，边销、内销、外销有序推进，让更多民族、更多国家的人都能喝上藏茶，这是他父亲和他的最大愿望，也是很多有志于藏茶发展的人的共同愿望！

藏茶不断创新发展　正阔步走向世界

如今，多家各有特色的藏茶企业正在蓬勃兴起，并逐渐形成了几家骨干龙头企业。茶叶产量成倍增长，质量不断提升，科技含量明显增加，规模效应逐渐显现，品种结构逐渐优化，由砖茶推出了袋茶，由煮饮茶推出了速溶茶，由专用茶推出了调配茶，茶产业与茶文化融合，推出了藏茶工艺品系列。方便、快捷、保健、时尚、兼容性强的特点，使藏茶不断适应和引领潮流，除保障藏区需求外，还北上京城，南下深圳，东抵上海，走出国门，由专供藏区发展成畅销天下的茶品。2012年，朗赛茶厂的年产量已达到3 000吨，全西藏都能买到朗赛茶厂生产的茶。在雅安，已聚集了10多家藏茶企业，年产茶量超过3万吨，其中80%的茶叶销往西藏，雅安被誉为"中国藏茶之乡"。雅安藏茶已成为著名品牌，金花藏茶已荣获"米兰国际金奖"。藏茶独有的制作技艺和文化特色，已被列入国家级非物质文化遗产，成为推进藏茶产业发展的强有力支撑。

更值得高兴的是，藏茶发展已迈出国际化步伐。从美国返回家乡雅安创业的医学博士李朝贵，重新组建了雅安茶厂有限公司，建立起侧重藏茶与人类健康研究的茶叶研究实验室，联合浙江大学农学院和美国瑞康有限公司共同研究开发茶元素、浓缩藏茶汁等高科技生物产品，目前已开发出儿茶素纯度高达99.5%，具有世界领先水平的高端产品，通过坚实的基础研究，为进军药品、食品、保健品领域提供了强有力的支撑。

李朝贵还把藏茶富集的健康元素、精湛的制茶技艺和璀璨的藏文化进行整合，努力打造吸引人、打动人的对外宣传名片。应其邀请，欧盟茶叶委员会秘书长芭芭拉，俄罗斯、韩国的茶叶专家先后到雅安考察藏茶。李朝贵还主动造访欧洲、美国、日本、韩国、非洲等多个国家，宣传推介藏茶，让外国朋友认识和享用藏茶，并取得了很好的效果。公司的新产品藏茶精华液被誉为美国人的健康守护神，并已获得美国食品和药物管理局（FDA）认证通过，这意味着藏茶出口大门已打开。

在李朝贵麾下负责酒店管理的江南茶乡才女胡运，更是将藏茶由饮品向工艺品延伸，研发出多种藏茶工艺品，如吉祥双龙、边线镶金花、"茶之韵"系列礼品等，开创了制作富有特色的藏茶工艺品先河，把茶产业、茶文化做成了一个大系列，进入茶文化酒店，从大厅经走廊到客房、茶楼、餐厅、餐席……，到处都有藏茶文化气息，令人兴致盎然。藏茶的香醇浓厚和较强的兼容性，使之正阔步走向世界。

如今，雅安市正积极贯彻落实习近平总书记关于"要统筹茶文化、茶产业、茶科技这篇大文章"的重要指示精神，将茶产业作为乡村振兴的支柱产业，坚持绿色发展方向，强化品牌意识，紧紧围绕"蒙顶山茶""雅安藏茶"两大区域品牌，强力实施科技兴茶、龙头兴茶、市场兴茶、品牌兴茶、文化兴茶"五大兴茶战略"，实现茶叶文旅融合发展，发挥特色优势，在稳边销、扩内销的基础上，大力开拓"一带一路"沿线国家市场，积极参与国家构建以国内大循环为主体，国内国际双循环相互促进的发展新格局，建设更高水平的开放型经济，推动雅安藏茶转型升级走向世界，全面提升雅安藏茶的知名度和影响力，努力把雅安打造成富有特色的中国藏茶城、川藏铁路第一城和绿色发展示范市，使国内国际双循环更加顺畅，高质量发展之路越走越宽广。

目前，雅安市茶园面积已达100万亩，干毛茶产量10多万吨，茶产量居全省第一位，综合产值已超过200亿元，全市有25万农户从事茶产业，涉茶人口有65万人，茶产业助农增收人均超过8 000元，为茶农鼓起钱袋子，为脱贫攻坚、乡村振兴做出了重要贡献。雅安茶产业，正在向绿色、高质量、国际化发展的大道上阔步前进！

十一 中国红茶传欧洲传英国的故事

中国茶1610年第一次由荷兰商人的船队运抵阿姆斯特丹，荷兰在很长一段时间里成了重要的茶叶市场交易中心，并把中国茶销往欧洲其他国家和美国。荷兰首都阿姆斯特丹拥有欧洲最古老的茶叶市场。17世纪30年代销到法国（有法国人把中国茶称为来自亚洲的天赐圣物），40年代销至英国，50年代远销至北美。茶开始时是社会上层才能享用的奢侈品，价格昂贵。1657年，英国伦敦曾在一家商店出现这样的广告牌："由于茶叶非常稀罕，十分珍贵，每磅售价6~10英镑，所以一直以来都被视为高贵奢华的象征，只有王公贵族才能享用。"随着运输和贸易的发展进步，从18世纪30年代开始，中国茶叶才大量出口英国，风靡欧洲的中国红茶就是产自武夷山的正山小种红茶（中国最早的红茶生产是从武夷山小种红茶开始的）。欧洲人曾把武夷红茶（Bohea Tea）作为中国茶的总称。18世纪美国进口的中国茶叶也是以武夷红茶为主。英国诗人爱德华·杨抒写美女喝茶的一首诗，写的'武夷'就是武夷茶："鲜红的嘴唇，激起了和风，吹冷了武夷，吹暖了情郎，大地也惊喜了！"可见，中国武夷茶在欧洲、美国已有较大影响。

英国人喜欢红茶，有两个重要原因：一是红茶适合保存，二是红茶性暖。英国本土不产茶，几百年前，茶都是从中国、印度等产地通过长途航海运到英国的，运输时间很长。当时红茶从中国运抵欧洲需在海上漂流长达12个月以上。不发酵的绿茶讲究鲜、嫩，不易保存，存放久了容易变质。而红茶是全发酵茶，较适合运输保存。再则，英国气候较阴冷潮湿，红茶性暖，较适合人们热饮暖身、暖胃。

西方人对茶的接纳度和喜爱，主要是从茶的健身功效和口感享受两个方面。中国茶在抵达欧洲伊始，就被说是具有健身和治愈疾病的神奇力量。17世纪60年代欧洲出现的茶叶广告语是："一种质量上乘的被所有医生认可的中国饮品。"英国伦敦的一家咖啡店打出招牌："本店首次向公众出售茶叶及茶饮品，价格仅为每磅16～50先令。中国茶叶有益健康，老少皆宜。"并且列出了茶叶的10多项功效，包括提神醒目、健肝养胃、益肾利尿、增强记忆、生津止渴、促进消化、净化血液、预防疾病等。可见，茶叶被视为了有药效作用的健康饮料。有英国人赞誉说："在我国引入的所有食品、药品中，茶叶是最佳、最令人愉悦、最安全的食品饮料。"

1662年，葡萄牙公主凯瑟琳·布拉甘蔓嫁给英国国王查理二世，成为了英国王后，她的嫁妆中就有中国红茶，是武夷山的正山小种。凯瑟琳是英国第一位喜好饮茶的英国王后，她将红茶带到皇宫，宣传饮茶的功效，她让饮茶成了宫廷生活的一部分，被尊称为"饮茶皇后"。在凯瑟琳倡导下，英国女人也以饮茶为时尚，饮茶开始成为一项时髦体面的社交礼仪和文化行为。凯瑟琳每天下午在自己的卧室里招待闺中密友喝茶聊天，养成了优雅、精致的生活习惯。很快饮用下午茶在上流社会中流行开来。诗人沃勒尔为此写诗赞道："爱神的美德，日神的荣耀，比不上她与她带来的仙草"。

18世纪30年代，茶叶逐渐由奢侈品转变为大众饮品，饮茶之风快速风靡英国，进入了寻常百姓家。正所谓"经历人生，适者为珍"。各人有各人消费得起的"享受"，有的要高贵雅致的，有的要便宜舒爽的，适合自己的就是最好的。饮茶成了英国人的日常生活习惯，茶成了英国国饮，80%的英国人每天饮茶，英国因此成了"饮茶王国"。至今，英国人年均饮茶3~6斤，名列世界前三。

19世纪，饮用下午茶的风尚在英国民间蔓延，逐渐成为英国人的生活习俗与文化传统，每天下午四点左右，英国人都会喝茶小憩一会儿，至今几百年不变。丘吉尔曾把准许职工享有工间饮茶权利作为社会改革的内容之一，此传统延续至今。各行各业的人每天都享有法定的15分钟饮茶时间。

值得注意的是，中国人与英国人的喝茶习惯还是有所不同的。自唐代陆羽提倡茶有真香，喝茶要雅以来，中国逐渐形成讲求喝纯茶的风气，讲求原汁原味，"珍鲜馥烈"。即茶品珍贵纯真，茶汤鲜爽，茶香悠久，茶香醇烈。英国人喝茶则更讲究配制（调配）和享受，以求更适合不同人的需求和口味。英国人爱喝掺有牛奶、添加糖的茶和什锦茶或花草茶，这些都需要茶与多种原料进行调配。为增加茶的香味，使茶适合不同饮茶人的口味，专业调茶师还要加入柠檬、花草、果酱、白兰地，等等。著名的调配师都有自己的调配绝技和秘密。其实，从古至今，在中国民间，特别是少数民族地区，也一直流传着各种加料泼卤的饮茶方式，而不是喝纯茶。所以，不同文化和习惯的交流与共处，还有一个互相适应、互相借鉴和不断改进的过程。总之，无论东方还是西方，饮茶的发展，都是从上层到下层，从小众到大众。茶是最普遍性的饮料之一，有些人喝茶显优雅，有些人喝茶得愉悦。

十二　陈古秋悟道　创制茉莉花茶

从北宋宋襄所著的《茶录》中可知，宋代已有花茶记述。在花茶中，茉莉花茶被誉为花茶之冠，最受广大饮花茶的人喜爱，是秋茶中的佼佼者。人们喜爱茉莉花，"好一朵美丽的茉莉花，好一朵美丽的茉莉花，芬芳美丽满枝丫，又香又白人人夸"的清新悦耳歌曲传遍祖国大地，乃至世界。宋代诗人江奎作诗《茉莉》赞曰："他年我若修花史，列入人间第一香。"茶饮花香，北方人尤爱喝茉莉花茶。据传戏曲界名家张君秋、李万春等几乎没有喝绿茶、普洱茶、大红袍的，他们都爱喝茉莉花茶。据媒体披露，1972年尼克松总统访问中国，毛泽东主席在中南海书房会见尼克松时，就是用自己喜爱的茉莉花茶接待客人。可见茉莉花茶极其受欢迎。茉莉花茶的由来，在民间流传着北京茶商陈古秋悟道，创制茉莉花茶的故事。

有一年冬天，茶商陈古秋请来一位品茶大师研讨北方人喜欢喝什么茶。大师说："在井水水质偏硬，甜水不多的北京，用硬质井水泡南方人喜欢喝的绿茶是糟蹋天物。"听到此言，陈古秋忽然想到有位南方姑娘曾送给他一包茶叶，还未品尝过，便找出那包茶，请大师共同品尝。陈古秋将茶放入盖碗，用沸水注入碗中，盖上碗盖。当打开碗盖时，顿感香气扑鼻，在冉冉升起的热气中，似乎看见一位美貌的姑娘，笑盈盈，两手捧着茉莉花，一会儿工夫又变成了一团热气满屋飘香。陈古秋对此惊讶不解，向大师请教。大师笑着说："先品茶。"茶入口中，味甘香醇，口感极好。大师说："陈老弟你做好事啦！这乃茶中绝品'报恩仙'，过去只听说过，今日才亲眼所见，亲口所尝。这茶是谁送给你的？"

陈古秋说，三年前，他去南方购茶，住客店时遇见一位孤苦伶仃的少女诉说家中停放着父亲的尸体，无钱安葬。陈古秋深为同情，便取了一些银子给她安葬父亲，并请邻居帮助她搬到亲戚家住，让姑娘有个依靠。三年过去，今春又去南方时，还住那个客店。客店老板见到陈古秋时，转交给他这包茶叶，说是三年前那位少女托送的，他收下这包茶叶不知是珍品，一直未冲泡饮用。大师说："这茶是珍品、绝品。制这种茶要耗尽人的精力，这姑娘你可能再也见不到了。"陈古秋很沉重地说"是啊！收茶当时就问店老板姑娘情况，店老板说姑娘已死去一年多了，这包茶是她去世前特意去店里托老板转交给我的。这也正是这包茶一直留着没冲泡饮用的原因，留个纪念。"两人感叹了一会儿，大师忽然说："为什么姑娘捧着茉莉花呢？启示我们什么？"于是两人又把茶再冲泡一碗，那手捧茉莉花的姑娘又再次出现，陈古秋醒悟道："这是茶仙提示，茉莉花可以入茶。"大师深表赞同。

到次年七八月茉莉花盛开的季节，陈古秋用上好的含苞待放的茉莉花蕾，加到茶坯中窨制出香片茶，鲜花吐香，茶叶吸香，果然制出了品质优、芳香诱人的茉莉花茶。好心人做好事，从此便有了深受人们喜爱的茉莉花茶，芳香清纯的茉莉花使原本苦涩的茶水变得美如甘露，汤清、味浓、芳香、甘醇，可谓茶中明珠。

十三 武夷水仙茶的传说

　　福建省武夷山有一种叫水仙茶的良种茶树，这种茶树只开花，不结果，需靠插条繁殖。民间流传着有关水仙茶的发现和种植开来的传说。

　　相传武夷山建瓯住着一个勤劳朴实的小伙子，靠砍柴为生。有一年武夷山热得出奇，但小伙子还要上山砍柴，维持生计，他在砍柴时热得头昏脑胀，胸闷发慌，便到附近的祝仙洞暂时歇息。刚坐下，他只觉得一阵凉风带着一股兰花香扑面而来，望去原来是一棵开满了小白花的小树，绿叶又厚又大。他走过去摘了几片叶子含在嘴里，凉丝丝的很舒服。他慢慢地嚼烂叶片，嚼着嚼着感觉头不昏了，胸也不闷了，精神顿时爽快起来。于是他从树上折了一根小枝放在柴担上带回了家。

　　那天夜里突然雷电大作，风雨交加，他家的一堵墙被雷雨击倒了。第二天清早，小伙子发现柴担里那根他采摘的树枝被压在了墙土下，但枝头却伸了出来。他每天注意观察，发现那树枝很快发了芽，长了叶，竟然长成了一棵小树。小伙子用此树新发的芽叶泡水喝，同样感觉清香甘醇，解渴提神。后来小伙子身体也更加壮实。此事引起了周围乡亲们的关注，村民们都来问他吃了什么仙丹妙药，他也说不出什么原因，只是如实地把事情经过说了一遍。大家便纷纷前来采摘树叶泡水饮用。因为该茶树是在祝仙洞发现的，建瓯人说"祝"与崇安话的"水"字发音相仿，人们就把这种茶树叫水仙茶。后来大家仿效插枝种树的办法，水仙茶很快就繁殖开来，漫山遍野都是。如今，水仙茶已成为福建乌龙茶类中的一颗明珠，名扬四方。

十四 安吉白茶的传奇

安吉白茶,是叫白茶却不属于白茶的绿茶,并被茶人评为绿茶中的上品。为什么它不属白茶而属绿茶呢?因为按我国六大基本茶类的属性分,安吉白茶是不发酵茶,故属绿茶,而非微发酵的白茶。安吉白茶的制作工序基本上就是绿茶的制作工序,比白茶制作工序多而复杂,特别是有高温杀青。它叫安吉白茶,是由于它是用安吉生长的一种奇特茶树的芽叶制成的,原料叶片呈银白色,所以叫安吉白茶。它的制作属性为不发酵的绿茶,但又与一般绿茶叶片翠绿不同,所以安吉白茶是一种特殊的绿茶。从1982年发现一棵奇特的野生古茶树,到人工培育发展成安吉白茶产业,再到打造成知名品牌,仅仅用了30年的时间。安吉白茶的故事是我国茶叶发展史上的一个传奇。

安吉白茶是绿茶

百岁老人指引 找到千年古茶树

1982年，安吉县林科所的科研人员在进行茶树资源普查时，特意拜访了天荒坪镇大溪村的一位百岁老人，得知村中海拔800多米的高山上，有一棵野生茶树，树龄已有千岁。这株茶树奇特，芽叶呈玉白色。根据老人的指引，科研人员克服困难，上山在榛莽中找到了这棵奇树，并采下叶片回研究所化验。化验结果让大家非常惊喜：茶树叶片的氨基酸含量高达6.25%～10.6%，是一般绿茶的3～5倍，氨基酸中的茶氨酸含量达50%以上。这种高氨低酚的茶实属罕见。不仅茶叶香味浓鲜，其降血压、护肝的功效还更强，真是一种宝茶。

喜出望外的科研人员尝试着进行茶叶的无性繁殖，将这种宝贵资源发展成产业。茶树适宜生长在有山有水多云雾的地方，温度、湿度适宜，安吉就具备这样优越的自然条件，适合这种奇特茶树的生长。安吉是浙江西北部的一个山区县，天目山和龙王山将安吉拱成了一个"畚箕状"盆地，得天独厚的地形形成了独特的小气候：冬季时间长，但此地山区绝对低温一般都在0℃以上，10℃以下，多云雾，空气相对湿度较高，达84%，太阳直射光照较少。这种独特气候，不但有利于植物中的氨基酸等含氮化合物的形成积累，还有助于形成植物独有的返白过程和物质代谢的遗传特性。另外，这里的土壤中富含钾、镁等微量元素，气候适宜，使安吉地区生长的植物有了与其他地区不同的特色。经过4年对这种茶树无性繁殖的攻关，一批幼苗终于扦插存活了，这是科研人员辛勤努力的成果，是科技攻关的重大胜利，也进一步点燃了将这种宝树推广种植，发展成优势特色产业的希望之光！

政府引导扶持有作为

好事多磨。安吉白茶推广初期并不顺利。尽管科研人员努力宣传这种茶的优点和可贵之处，但已习惯于老品种种植的茶农对新品种还持观望态度，而且换新品种还要花钱买茶苗、学新技术，更注重眼前利益的茶农对安吉白茶一时不能接受。直到1993年，六七年的时间安吉白茶推广面积才30来亩。这使把安吉白茶当宝贝茶，想把好事办成的科研人员始料未及，不知所措。

此时，政府的作用就显得非常重要了。推进新事物发展，推广特色农产品，让农民接受新事物，并从中得到增收实惠，需要一心为民的政府引导和扶持。政府怎么引导扶持呢？不是靠行政命令，而是通过提供服务，出台扶持政策去加以引导，实现施政为民的目的。时任安吉县委常委、宣传部部长叶海珍对此深有体会。1995年她在溪龙乡任乡长时，把建设"千亩白茶基地"作为推动农民致富的重要抓手，非常努力地逐村宣讲动员，挨户劝说，可是有经营自主权的茶农并不买账，甚至黄社村的一个茶农还顶了她一句："种不种茶，种什么茶是我的事，你管得着吗？"行政手段动员行不通，叶海珍分析原因，改进方法，决定通过有效服务，出台扶持政策，来引导农民接受新事物，走上致富路。为解决农民缺钱买茶苗的问题，乡政府决定给予补贴。农民种白茶3亩以上的，每亩补贴150元。为解决农民不懂白茶栽培技术的问题，乡政府决定进行培训，乡政府从中国茶科所、浙江大学请来了专家对茶农进行培训，给参加培训的农民每人每天补贴10元。这些措施深受茶农欢迎。通过补贴和培训，茶农由不愿种植安吉白茶到争先种植安吉白茶，并从种安吉白茶中取得了更好的经济效益。安吉县委、县政府因势利导，及时推广溪龙经验。2001年，安吉白茶种植面积突破万亩，2010年接近10万亩，安吉白茶已成为安吉县一大支柱产业。实践证明，在市场经济条件下，政府不缺位、不越位，方法正确，是可以大有作为的。如今，安吉白茶已带动全县农民人均年增收8 600元，一亩白茶的收益，是其他绿茶的2~3倍。正向践行"绿水青山就是金山银山"，向生态美、产业兴、百姓富的绿色发展道路阔步前进！

市场运作创品牌

安吉人懂得，建设白茶基地是产业发展的坚实基础，茶叶面积和产量有了规模，是万里长征的第一步。安吉白茶发展的三部曲是：发现古茶树，形成茶产业，创出名品牌。在市场经济条件下，有了产品要想赢得市场，必须打造品牌，打造品牌必须坚守诚信，保证产品质量过硬。坚决杜绝以次充好，假冒伪劣现象的发生。为得到社会认可，取得消费者信任，安吉人在以下几方面下了硬功夫。

一是保证产品具备过硬的品质。安吉县对种植白茶产区和茶田四周的树种都做了严格规定：必须具备良好的基础肥力和丰富营养元素的土壤才能种植白茶；必须具备一定的海拔高度和适宜的坡度、坡向、气候条件才能种植白茶；白茶田周围必须种植桂花树或者香樟树（因为这两种树渗发出的幽香有利于提高茶叶品质，增加芽香）。

二是严格按规范制茶工艺进行茶叶制作。县里规定，茶叶加工厂必须建在地势高、空气清新、远离居民居住区的地方；盛放鲜叶和干茶的器具必须是毛竹、木材等天然材料；杀青机、理条机、烘干机必须使用不锈钢器具……。从鲜叶进车间到制成干茶成品共有14道工序，茶叶制作工艺对每道工序都有严格规定。必须按规定严格执行。

三是努力打造和保护知名品牌。安吉人知道，有了高品质的茶产品，还必须打造品牌、保护品牌才能赢得市场，县里成立了白茶开发推介领导小组，开展了卓有成效的品牌建设工程，令人瞩目。

2001年，安吉首次举办白茶节。并由此组织了茶农参加的名茶评选活动。2004年4月，安吉白茶获得国家原产地域产品保护。同年4月18日，在上海豫园商城举行的安吉白茶拍卖会上，50克安吉白茶极品拍出了当时国内绿茶5万元的最高价，展露峥嵘，一举成名。2007年，安吉白茶被农业部（现改为农业农村部）评为中国名牌农产品。2008年，安吉白茶被国家工商总局（现改为国家市场监督管理总局）评为中国驰名商标。成为浙江省首个农产品被国家认定的中国驰名商标，2022年4月公布的中国十大茶叶区域公用品牌价值评估前十名，安吉白茶位列第八。迄今，安吉白茶已先后获得数百项国内外大奖。

想要创出知名品牌，并在市场上有一定位置，实属不易。更难的是要进一步保护好品牌不受损失，防止"千里长堤，溃于蚁穴"的发生，才能立于不败之地。安吉人做了以下工作。

（1）坚持走生态美、产业兴、百姓富的绿色发展道路，建设高标准生态茶田，全县将白茶面积严格控制在10万亩左右，不盲目扩张。

（2）优化种植结构。不允许毁林种茶，不允许挤占基本农田种茶，不适合白茶生长的区域一律不许种茶。

（3）严格品牌使用管理，实行茶叶质量追溯体系。"安吉白茶"是国家工商总局认定的中国驰名商标，县里规定所有使用"安吉白茶"商标的必须是安吉白茶协会的会员，包装统一。对没有自己品牌的中小茶农，通过组织引导他们加入茶叶专业合作社。凡是入社的茶农必须遵守一整套严格的茶树栽培标准，才能统一使用合作社商标。合作社对每个社员的茶园进行分区编号管理。即将茶园分成若干区域，逐一编号，每一区域何时采茶、采了多少，何时炒茶、炒了多少，卖往何处，都一一记录在案，使市场上的每盒安吉白茶都能追溯到它的生产者。安吉白茶实行质量追溯体系管理的做法，得到农业部认可。2010年，农业部决定将安吉白茶作为全国首个茶叶质量追溯体系示范试点县。专家认为，安吉白茶质量追溯体系为全国其他农产品加强质量管理提供了示范和借鉴，对打造中国农产品品牌具有里程碑意义。

功夫不负有心人，2021年6月29日，浙江省湖州市委常委、安吉县委书记沈铭在全国优秀县委书记表彰会上发言说："我们逐步探索出了一条生态美、产业兴、百姓富的绿色发展道路，将打造县强、民富、景美、人和的共同富裕安吉样本，奋力书写践行绿水青山就是金山银山理念新篇章！"

十五 李白赋诗玉泉仙人掌茶

　　唐朝诗人李白善饮酒，人称诗仙、酒仙。他的诗歌中有很多与酒有关的。李白也善饮茶，但与茶有关的诗很少见，罕见的一首是以诗谢族侄赠茶，这首诗也被视为中国茶诗中的经典，是唐代最早的咏茶诗。

　　故事是这样的：有一年李白游金陵时，偶然遇上了族侄中孚禅师，此人已是湖北省当阳市玉泉山玉泉寺的高僧，既通佛理，又善饮茶，禅茶一味，修行高超。玉泉山的仙人掌茶始创于玉泉寺，中孚禅师常年采茶、制茶、饮茶，以茶供佛，以茶待客。这次叔侄偶然相遇，感到格外惊喜和亲切。禅师欣然送李白上好的仙人掌茶。李白早就听说玉泉山仙人掌茶是天下佳茗，笑纳后以诗《答族侄僧中孚赠玉泉仙人掌茶并序》答谢。全文如下：

常闻玉泉山，山洞多乳窟。

仙鼠如白鸦，倒悬清溪月。

茗生此中石，玉泉流不歇。

根柯洒芳津，采服润滑肌。

丛老卷绿叶，枝枝相接连。

曝成仙人掌，以拍洪崖间。

举世未见之，其名定谁传。

宗英乃禅伯，投赠有佳篇。

清镜烛无盐，顾惭西子妍。

朝坐有馀兴，长吟播诸天。

全诗字里行间，流露出对佳茗的喜爱，对侄僧的深情。在唐代众多诗歌中，这是一首早期的咏茶名作，为源远流长的中华茶文化留下了一篇极其珍贵的佳作。

十六 贵州"绿宝石"茶荣获金奖
让天下人喝上干净茶

千斤"绿宝石"茶在京预售一抢而空

2014年3月28日下午3点,北京吴裕泰茶庄负责人宣告1 000斤"绿宝石"明前茶已全部售罄,绝无一两加售,要喝只能等到明年。此消息一传出,立即引起一阵轰动,质疑声四起:"是不是茶庄有意囤积,留待上市时卖高价?""是不是有人'走后门',让我们买不到?"

作为京城年度春茶重磅大戏，2014年吴裕泰茶庄首开明前茶预售活动，此消息是通过报纸公开发布的，隆重推出国内唯一能以独立品牌在欧盟、美国高档商场热销的中国"绿宝石"高原绿茶，引起北京市民热烈反响，订购如潮。据传，在茶票开售的消息公布之前，吴裕泰茶庄内部人员就先抢掉了100多斤，有人稍一迟疑就会错失机会。大量市民打电话为订不到"绿宝石"明前茶而抱怨。吴裕泰茶庄负责人回应说："我们通过不下10次的商谈，才获得本批1 000斤"绿宝石"明前茶配额，远远满足不了京城庞大消费人群的需求。预售一空确是事实。敬请谅解。不过，预订如此火爆，还是大大出乎我们的意料。"

应广大市民的强烈要求，吴裕泰茶庄和贵州贵茶公司反复磋商，又紧急调拨6 000斤"绿宝石"雨前茶直供北京，消费者依然购买茶票预订，走亲民路线，108克包装售138元，250克包装售298元。3月29日起，热线电话和吴裕泰茶庄在京十大指定门店同步销售茶票。"绿宝石"雨前茶冷链空运至北京后，消费者凭茶票领取等值茶。

"绿宝石"高原绿茶产于贵州凤冈县

茶叶品质好，制作好，是受消费者喜爱的重要原因。凤冈县地属盛产茅台酒的遵义地区，是贵州高原海拔1 000米以上著名的富锌、富硒有机茶之乡。"绿宝石"高原绿茶核心产区是有"茶海之心"美誉的凤冈县田坝村。这个地区山峦连绵起伏，终年云雾缭绕，湿度高，日照少，阳光漫射，得天独厚的生态环境和林中有茶、茶中有林、茶林相间的生态结构及营养丰富的土壤条件，很适合茶树生长，为高品质绿茶的培育采制提供了优越的自然条件。

贵州贵茶公司为实现让"天下人喝上干净茶"的理念，在高原山区建设了多个专属生态茶园，并实行封闭式管理。在茶叶生产中严禁施农药、化肥。"绿宝石"茶园引山泉水灌溉，用草木灰和农家肥，用太阳能杀虫灯和黄色粘虫板防治虫害，严禁使用除草剂。在茶叶加工制作上，公司投资3 000万元引进了具有国际先进水平的日本寺田制作的全自动制茶包装生产线设备，实现了"绿宝石"绿茶制作全自动化生产，避免了传统人工制茶可能产生的二次污染。贵茶公司还为茶青、毛茶、成品茶建立起完善的质量控制及追溯体系。凤冈锌硒有机茶检测中心就设在茶叶生产基地。贵茶公司还建立了贵州省最大的茶叶冷藏库，并通过冷链运输、商家冷库、零售终端冷藏柜，实现全程冷链物流，保障"绿宝石"高原绿茶的鲜爽品质。

"绿宝石"高原绿茶生产有标准、有记录，信息可查询，流向可追踪，责任可追究，产品可召回。茶叶生长的自然条件优越，茶叶制作标准严、功夫硬，无污染，品质好。"绿宝石"高原绿茶深受广大消费者欢迎，并得到欧盟、美国认可，畅销国内外。

通过国内国际检验　多次荣获金奖

消费者对"绿宝石"茶的纯净鲜爽有口皆碑。贵州贵茶公司一向主张和坚持履行"卖干净茶，挣干净钱"。国内评茶有"色、香、味、形"标准和高级评茶师。国际上欧盟、美国更有严格的现代理化指标检测标准，"绿宝石"茶通过了国内国际检验认可，并多次荣获金奖。

2006年、2008年、2009年，"绿宝石"高原绿茶先后荣获第三、第五、第六届中国国际茶叶博览会金奖；2008年，还荣获世界茶联合会第七届国际名茶评比金奖及第九届广州国际茶文化博览会金奖。

2007年，中国茶叶研究所老所长陈宗懋院士（我国著名的茶叶院士），在考察贵州茶叶发展情况和"绿宝石"生态茶园基地后说："这几天我喝'绿宝石'绿茶，泡到7次茶味还不淡。从我多年品茶经验看，贵州'绿宝石'茶叶品质已超过很多地方。"一般来说，茶叶前三泡，可品出真香味，达到陆羽所说的"珍鲜馥烈"要求，多则五泡，五泡后滋味就差了，就不宜再泡来喝了，能泡到七泡茶味还不淡，可见茶品质之高，真是茶中上品。

十七　茶人程国平创制山峡云雾茶

　　出生于湖北黄冈农家的程国平，1991年毕业于浙江大学茶学系，可谓茶科学子。他时刻铭记大学毕业时，茶学导师刘祖生教授的赠言，"学茶爱茶，以身许茶。"立志要学有所用，为茶区、为茶农贡献力量和智慧。程国平说到做到，毕业后一直奋斗在茶叶生产、研制、营销第一线，颇有成就，被人称为茶人。

　　程国平的家乡是茶产区，属陆羽《茶经·八之出》中列出的山南道茶区。陆羽列出唐代我国有8道43州郡产茶（如今是21个省份900多个县产茶）第一个写的就是秦岭以南，长江以北的山南道6州茶区，包括现在的湖北、重庆、四川等地的主要茶区，说明这一地区产茶历史悠久。传说神农尝百草中毒，得茶而解就发生在这个地区。《茶经·八之出》第一句就写，"山南道，以峡州上"，说明峡州茶品质优，在唐代就列为上等。这引起了程国平极大的关注，为什么这样好的茶区，现在没有出名茶呢？他开始把注意力放在三峡沿岸一带历史悠久的产茶区。通过调研，他发现老茶区的茶农生产茶主要是供本地人饮用，成为"养在深闺人不知"的地区茶，缺乏市场观念和竞争意识，创新力弱。为促进老茶区焕发青春，发挥优势振兴茶业，发展经济富民利国，程国平采取了两手抓策略：一手抓基础，一手抓创新。

　　抓基础即抓优势产地、抓上乘原料，使茶叶发展根基深厚、底气足。

程国平保证茶原料上乘的举措是，打破区域地理局限，以横跨四川、重庆、湖北、湖南的五百里山水走廊无污染净地为主要原料基地，再选取江浙一带的高海拔、生长期长的高山茶树生长带为辅助原料基地，在海拔落差近 2 000 米的区域内调配原料，保证原料的充足，质量上乘。

抓创新即抓科技创新，创新发展。着力抓好配方茶研制，创制出有独特风韵、受市场欢迎的配方茶，开拓和赢得市场。程国平打破数千年来茶原料单一的制茶传统，经过几百次配方、工艺拼配、对比，创制出了具有独特风韵的山峡云雾配方茶，并被评为富龙井之清香，蕴毛尖之浓厚，含碧螺春之鲜醇，香气浓郁，滋味甘爽，回甘持久的好茶。一位诗人品尝过山峡云雾茶后，作诗《山峡云雾出好茶》赞曰："香高味浓汤色清，荟萃江南百草魂。借问陆羽谁为最，山峡云雾茶一春。"山峡云雾茶最大的特点在于它通过配方对有益成分含量进行拼配。传统名茶由于原料产地固定，故茶名往往也是地名，一方水土养一方茶，茶叶内含成分相对稳定，变化不大，而山峡云雾茶可以将不同产地的茶原料进行科学拼配，用最佳配方使茶叶中的保健功效最大化。例如，可以调配原料成分比例，使茶的降糖效果更佳，或使茶的抗辐射效果更好，等等。山峡云雾茶最大的机密是配方，茶原料的拼配、制茶工艺的拼配，都采百家之长，造福大众。山峡云雾茶将技术与市场结合，以崭新的姿态赢得市场。至今，已是京城皇家茗品总经理的知名茶人程国平，正在"学茶爱茶，振兴华茶"的康庄大道上阔步前进！

十八 峨眉山宝掌三道茶的故事

　　四川峨眉山是我国四大佛教名山之一，是著名的儒、释、道融合发展的宝地。此地产茶历史悠久，也是我国僧、道较早种茶、制茶、生产禅茶的地方。据传，峨眉山产茶历史已有三千多年，初期始于药用，被称为"仙药"，汉武帝曾派专使到峨眉山访茶。历代黄帝对峨眉山茶都很重视，尤其唐太宗李世民曾多次派遣药王孙思邈问药峨眉，觅寻长生之道。峨眉山黑水寺高僧赠予"峨眉雪芽"茶并授予宝掌三道茶茶诀（三道茶茶诀创始人宝掌和尚圆寂时享年130余岁），孙思邈回京都长安将茶和茶诀敬献太宗皇帝，太宗大悦，从此将峨眉山茶纳为贡茶。宋代官府专门划定山林让僧人种茶、制茶。明洪武皇帝朱元璋御赐峨眉山茶园种万株茶树，还派表弟宝昙禅师到峨眉山管护御赐茶树，并重修光相寺（今万年寺）。明万历皇帝（神宗）朱翊君及生母李妃慈圣皇太后在饮用了峨眉贡茶后大悦，御赐峨眉山黑水寺300亩茶园作为香火费，并降旨黑水寺每年春季特制贡茶一旦，密送宫廷。从古至今，一直流传着峨眉山佛门宝掌三道茶茶诀的故事。

　　相传魏晋南北朝梁武帝萧衍在位期间（公元502—547年），中印度高僧宝掌和尚于公元518年进入峨眉山，观其山势轩宇雄伟，百峰叠翠，鸟鸣猿啼，宜于修行，遂于峨眉山洪椿坪后结茅为庐，潜心禅修。宝掌和尚喜林中古茶，一日三饮，是一日三道茶的创始人。山僧、樵夫都感到好奇。宝掌曰："乃寿道也。"于是，他将长寿之道的茶诀告诉了他们。这公之于众的三道茶茶诀为山中佛、道两门延纳，历代传续。宝掌圆寂于唐高宗显庆二年，享年130余岁。

宝掌和尚一日三饮的饮茶时间是：寅卯（凌晨5点左右）、午未（中午1点左右）、戌亥（入夜9点左右），为每天三次饮茶的最佳时间，称为三道茶。

第一道茶，凌晨5点左右为晨饮茶，称寅卯饮茶。这道茶需在排解小便之前饮用，即"恭前饮用"。凌晨寝起，用鲜开水冲泡"峨眉雪芽"茶，连饮三杯后，隔上两炷香的时间（约30分钟），再去卫生间"出恭"（排解小便）或"如厕"（排泄大便）。道理是让茶水经肺腑浸胃肠九曲贯通，杀灭体内毒素，并将毒素等浊物秽气排出体外，起到茶疗的效果。

第二道茶，中午1点左右饮绿茶两杯，称午未饮茶。这是午餐后饮茶，能起到排毒养颜，名目醒脑，防止口腔系统疾病的功效。

第三道茶，晚上9点左右，为戌亥濯洗用茶。最佳时间为就寝之前半小时用茶。在饭后饮茶和用绿茶漱洗口腔后，入睡前再用清茶濯洗面颜眼部15分钟左右，尤其轻轻揉洗眼部，可以起到排毒养颜的保健作用，漱洗口腔有助于健齿消炎，口腔卫生。

另据传说和有关文献记载，民国初年有一刘姓居士长期隐居峨眉山，岁及百岁后，随家人移居台湾。刘翁虽年逾百岁，却身体健朗，思维敏捷，常撰文介绍在峨眉山隐居的禅修生活及当地风土习俗，著有《峨眉养生》一书。20世纪40年代，刘老无疾而终，享年129岁。他在《峨眉养生》中写道，"山中盛产雪茗，又名'雪芽'。……余常微曦汲泉水一壶，活水煮茶，恭前服用。去秽气，益心脾，培元固本。"刘翁去世时，北京、上海、南京及香港、台湾、东南亚地区的华文报纸纷纷刊文悼念。

　　唐代诗人赞峨眉山曰："蜀国多仙山，峨眉邈难匹。"如今，在海拔1 200～1 500米的范围内建立了纯净自然、高品质的高山茶园。采自清明节前峨眉山海拔800～1 200米的峨眉山竹叶清茶，已成为中国驰名商标著名的高山绿茶。

十九　贵州茶神谷的古茶树和农家火烤茶

　　贵州省黔西南普安县有个茶神谷。这里是一片山山岭岭，在海拔800～1 700米的山岭峡谷间，分别居住着布依族、彝族、苗族、回族同胞。在山巅之上，峡谷深处，岭腰之间遍布着大叶片的古茶树林，这里生长着有名的贵州绿茶，早春绿茶。人们把海拔800米左右，大自然赐给人间的温和润泽地带称为茶神谷。因茶神谷特殊的温暖湿润的小气候，野生的古茶树得以在这里繁衍生长。茶神谷的古茶树历史悠久，千年以上的古茶树随处可见，还有两千年以上、三千年以上、四千年以上的古茶树。当地各民族老乡都把古茶树尊称为茶神，茶神谷因此得名。科学家把古茶树视为宝贝，三千年以上的古茶树都一一编了号，树身上悬挂着中国科学院和中国农业科学院茶叶研究所共同挂上去的编号牌子，编号0001号的古茶树树龄迄今已逾4 800年。千年古茶树都有茶农专责守护。

　　最有名的四球古茶树用围栏保护起来，因为这是国宝。世界上其他地方的茶树，一颗茶果里最多只有三颗茶籽，唯独中国贵州省茶神谷里有一颗茶果产四颗茶籽的古茶树，因此被称为四球古茶树。在普安县与晴隆县交界处的云头大山还发现了距今已有164万年以上的四球古茶籽化石，这是经过中科院南京地质古生物研究所反复鉴定认定的。如今，那棵编号0001的古茶树仍雄姿焕发，树枝上既有密簇而青翠的老叶，又有新冒出的细嫩新芽，在叶芽间还悬挂着圆溜溜的茶果。

当地茶农习惯喝火烤茶。就是在家门前烧一堆炭火——用炭火烤烫陶砂茶罐（烤茶人用一块厚实的手巾做垫，握着已洗刷干净的陶砂茶罐手柄，在熊熊燃烧的炭火上烤，直到砂罐烤热泛白色）——将茶叶放进烤得发烫的茶罐里——拿起罐有节奏地抖动茶叶（同时嘴里还念着"要得茶上口，火上抖百抖"），直到从茶罐里散发出沁人的茶香——将茶壶里烧开的沸水倒进茶罐——将茶罐放在炭火上继续烧烤——很快茶罐里的茶水就沸腾了——将烧开的茶水斟入茶碗饮用，特别芳香可口。这就是喝农家火烤茶。茶农们和来往客人往往围坐在炭火旁，边喝茶边摆龙门阵（聊天），有时还随兴高歌，其乐融融。火烤茶可以冲七八道，茶味、茶色仍有韵味。他们称为"一泡茶，二泡汤，三泡四泡是精华……"喝着火烤茶，倍感舒服，四、五小碗下肚后，神清气爽，疲劳尽消，真是舒心怡人。

　　当地居民常常喝着一道道茶，唱着一首首歌，祭祀他们的茶神，怀念他们的祖先，抒发他们之间的亲情、友情、爱情。例如，广为流传的"山上有棵古茶树，树下有口清水井，哪天如果不舒服，一片叶来一瓢水"，就充分表达了古茶树与当地居民生活密不可分。在采茶季节，茶神谷的茶坡上满目都是一叶、两叶、三叶鲜嫩的茶叶尖尖，喜人的景象引得采茶姑娘唱起了各自民族的茶歌，茶神谷中充满了欢笑声和歌声。

二十　径山禅茶的故事

　　禅茶是佛僧修禅用茶，讲求以茶入禅，以禅会茶，茶禅一味。饮茶是佛僧日常生活中不可或缺的。史料中关于佛僧种茶、饮茶的记载，最早是在西汉年间（公元前53年至前50年），四川雅安蒙顶山甘露大师吴理真在上清峰种植了七株茶树，"高不盈尺，迥异寻常"，人们尊称吴理真为最早种植茶树的茶祖，距今已有两千多年历史。佛僧在高山名寺种茶、制茶、禅茶、礼茶，再从寺院传到民间，这在古代是常有的事。寺院茶很有名气，蒙顶山茶有"仙茶"之誉，"扬子江中水，蒙顶山上茶"等著名诗句，自古流传至今。

寺院茶一般有两大功能：一是茶禅，二是茶礼。茶禅即饮茶参禅，修行用茶。修行有不同深度，不同醒悟程度，只有达到一定高度才能茶禅一味。茶礼即寺院招待客人用茶，用茶招待八方来客，不同等级有不同标准。寺院佛僧以茶敬客最早的记载见于《茶经·七之事》中之《宋录》，是说南朝宋孝武帝的两位王子新安王刘子鸾和豫章王刘子尚到安徽寿县八公山东山寺去拜谒著名高僧昙济道人（据宋代叶梦得《避暑录话》说，晋宋间佛学初行，其徒犹未称僧，通呼道人）。道人用寺中最好的香茶礼敬二位王子品饮。王子品饮后盛赞，"此甘露也"，这个故事距今已有1 500多年。径山寺和径山禅茶很有名气，有很多流传至今的径山禅茶故事。

杭州余杭径山寺深处的东天目山北脉，据传始建于1 300多年前的唐代，时有著名高僧法钦大师云游到杭州径山，发现这里山清水秀林密，适合修禅，便在山上开山建寺，种茶、制茶、研茶、禅茶。这便是径山茶的始源。这里的茶树也是龙井群体品种的始祖，后来陆羽来到径山汲泉煮茶品茗，著《茶经》。宋代日本僧人荣西法师、南浦绍明等先后来径山寺学佛习茶，并把茶籽和宋代盛行的径山茶宴传至日本，后来演变成日本茶道。径山因此成为"茶圣著经之地，日本茶道之源"。

径山寺茶园在海拔1 000余米的山顶上，沿着寺院黄色的围墙分布。这里的古茶树年代久远，品种良好，是龙井群体品种的始祖。茶园中有玉兰、丁香、银杏树穿梭其中，茶园周围有松树，竹林密布，多云雾；土地是沙壤土、砾石，饱含针叶、阔叶混成的腐质层，肥力强。此地的土壤、气候、生态环境都很适合茶树生长，具备产优质茶的自然生态条件。这里生产的明前、雨前径山茶，冲泡后，汤色翠绿明亮，叶底一芽二叶嫩绿成朵，悠悠清香怡人，入口回味甘醇，"色香味形"均让人赏心悦目。民间流传着径山寺茶禅、茶礼的故事。

故事一，茶禅。修行高低深浅不同，对茶禅的领悟不同。径山寺千僧阁内，日本僧人跪在地上，泪水落在茶盏中。在跪僧头顶打坐的老方丈目光祥和，轻声说道，"喝茶"。跪着的日本僧人说："千僧阁中的径山禅茶，禅意具足，实乃我东瀛禅子梦寐以求之物，弟子舍不得喝啊……"。方丈一阵爽朗的笑声后说道："你若从这径山禅茶中喝出禅意，无异于喝出了狗屁的味道。"日本僧人愕然。方丈又是一阵爽朗的笑声，说："喝茶就是喝茶，在我径山门下，悟出一句只是喝茶，定当让你成佛做祖。"方丈说罢目视前方……世人的理解是，方丈说"喝茶就是喝茶"，指喝茶只是有助坐禅提神解乏不入睡，可以保障助力入禅悟道，并不能从茶中喝出禅意来，道是悟出来的，不是喝出来的……

故事二，茶礼。对不同的人，茶礼也有所不同。大文豪苏东坡久慕径山寺大名，一日来径山寺游。方丈见其衣着平常，以为只是一般香客未予重视，只淡淡地说："坐。"又转身对小和尚喊："茶。"于是小和尚端上一杯普通的茶送给苏东坡。稍事寒暄后，方丈感觉来人不俗，气度非凡，便改口"请坐。"并喊小和尚"敬茶。"经过一番深谈，方丈得知来者乃是大诗人苏东坡时，情不自禁地说："请上座。"接着又喊小和尚"敬香茶。"并研墨铺纸以求墨宝。东坡先生含笑应接，略一思忖，提笔写了一副对联。上联是"坐，请坐，请上座"，下联是"茶，敬茶，敬香茶"。对联形象生动地写出了不同茶礼。方丈显出惭愧之色。此联一出，不胫而走，传闻天下。径山寺和径山茶更是名扬中外。

二十一　文了和尚煮茶被称为"汤神""水大师"

　　茶为寺院必备之物，清修（禅茶一味）和礼客（招待客人）都得饮茶。在盛行煎饮法的时代，茶的煎煮技艺对饮茶品茶的感官享受有很大影响。据传古代有一高僧文了和尚在茶的煎煮上很下功夫，研究掌握了独特的烹茗技艺。他用高超绝技煎煮出的茶特别好喝，声名远扬。清代的陆廷灿《续茶经》引《荆南列传》记载："文了，吴僧也，雅善烹茗，擅绝一时。武信王时来游荆南，延住紫云禅院，日试其艺，王大加赞赏。呼为汤神，奏授华亭水大师。"从此，文了和尚被人们称为"汤神""水大师"。

二十二　陆羽是煎茶高手

　　唐代宗李豫喜欢品茶，宫中常有善于品茶的人供职。有一次竟陵积公和尚（积公是对竟陵龙盖寺智积大师的尊称）被召入宫。宫中煎茶能手用上等茶叶煎出一碗茶，请积公品尝。积公和尚饮了一口，便不喝了。皇帝问他为何不继续饮茶？积公答："我所饮之茶，以前都是弟子陆羽为我煎的。饮过他煎的茶后，再饮别人煎的茶就觉淡而无味了。"皇帝听后便要召见陆羽，积公说陆羽出游考察茶事去了。皇帝便派人四处寻找陆羽，终于在浙西北湖州苕溪的一座山上找到了他，即把陆羽召到宫中。皇帝见陆羽其貌不扬，说话有点结巴，但言谈中看得出他学识渊博，言语不凡，当即命陆羽煎茶。陆羽将从山中带来的清明前采制的紫笋茶精心煎煮成茶汤，献给皇帝品尝。果然他煎的茶香扑鼻，茶味鲜醇，汤清叶绿。珍鲜馥烈，口感极好。皇帝品饮后，命陆羽再煎一碗，让宫人送到书房给积公和尚品尝，积公接过茶碗，尝了一口，连叫好茶，于是一饮而尽。他放下茶碗，忙走出书房，连喊"渐儿何在？"（陆羽字鸿渐，积公惯称他渐儿）。皇帝忙问："你怎么知道陆羽来了呢？"积公答："我刚才饮的茶，只有他才能煎得出来。当然是他已到宫中来了。"

二十三 陆羽辨水

唐代宗年间，江南名士李秀卿在扬州遇见品水名人陆羽，立刻派了几名侍从携坛驾船去南陵取第一等级的好江水。在南陵用坛装满江水以后，驾船返回扬州，请陆羽品鉴。陆羽拿勺舀坛中的水连续扬了几下说："江水倒是江水，但并非就是南陵的江水。"侍从辩解说："大人，此话从何说起？我等几人奉命驾船去南陵取最好的江水。从扬州到南陵往返，沿途过往船只相遇的不下百余人次，怎能说此水不是南陵的江水呢？"陆羽并不作声，只是郑重其事地将坛中水朝外倒出一半，留下一半，然后才当着大家的面说，"坛中剩下的江水，才真正是南陵的江水呢！"听完陆羽的评说，几名侍从立即跪在地上向陆羽请罪认过。

原来侍从驾船去南陵江中取满一坛江水后，在返回途中遇到大风急浪，小船一路颠簸难行，靠近扬州时，坛中水已向外倾洒了一半。他们怕受到责备，只好在扬州登岸前取了扬州岸边的江水注入坛中，装满一坛后回来交差。没想到还是没瞒过陆羽的眼睛。

二十四　陆游茶诗抒深情

　　南宋诗人陆游传下来的诗歌有九千首之多，其中茶诗有三百余首，是历代诗人中写茶诗最多的一位。他早期的诗，多抒发政治抱负，反映人民疾苦，风格豪放。晚年隐居故里，把品茶、吟诗当作提升生命价值、净化精神的休闲爱好。此时用诗抒写日常生活，更有清新之意。陆游性情恬淡，诗意升华无不与品茶悟道相关。他的著名诗句"归来何事添幽致，小灶灯前自煮茶。""雪液清甘涨井泉，自携茶灶就烹煎。"足以体现他与茶的渊源。人生的清新之香与茶香相融，风骨气质与茶心心相印。

二十五 汪世慎痴梅嗜茶 自得其乐

　　"扬州八怪"之一的画家汪世慎，痴梅嗜茶，作为画家最大的嗜好是饮茶，不可一日无茶。

　　他一生清贫，生活却饱满舒适。他在作品《墨梅图卷》的题诗中表达了怡然自得之气派："瓶瓮贮雪整茶器，古案罗列春满碗。饮时得意写梅花，茶香墨香清可夸。"他一生把自己的生活情感与茶、梅、诗、画紧密结合在一起，其乐无穷。其生活恬淡而豪迈，非常人可比。

　　汪世慎晚年不幸患眼疾，双目失明，却仍与友人饮茶谈画，兴致高时，仍可凭自己的感觉摸笔写画，饮茶吟诗，乐在其中。

二十六　吃茶去

唐代著名高僧赵州从谂禅师在柏林禅寺接待了两位慕名而来向他求教如何参禅的僧人。禅师问其中一僧以前可曾来过？那僧答不曾来过。禅师说，"吃茶去。"禅师又问另一僧同样的问题，那僧答来过。禅师依然说，"吃茶去。"在旁边的寺僧院主不解地问道，无论来过与否，为何都命其吃茶去呢？禅师不答。忽然大声叫道："院主！"院主愕然应诺。禅师道，"吃茶去！"这一段《古尊宿语录》记载，被称为很有名的赵州"吃茶去"公案（《景德传灯录》卷十也有记载）。后人一直在不断思考，探索答案。从谂禅师究竟要表达什么禅意呢？力求正确领悟，释解。

被后世尊为日本茶道开山鼻祖的村田珠光，坚信"茶禅一味""佛法存于茶汤。"他由茶悟道得益于一休大帅的点拨。一休问村田珠光，赵州从谂禅师的"吃茶去"要表达什么禅意呢？村田珠光冥思很久，未能开悟，一时回答不出来。一休为了点化他，就命人给他端了一碗茶来。村田珠光伸手接茶刚准备饮时，一休忽然大喝一声"且慢"，并伸手将茶碗打落。村田珠光一惊，顿时领悟到师父是在点化他，僧人吃茶去不是常人饮茶，是主动以茶入禅，参禅悟道。未经思考就饮用别人送来的茶，是被动饮茶，饮而不思，不能悟道。未悟道的人，来历虽各不相同，来了都在起跑线上。吃茶去就是去喝茶，茶就是茶，喝茶就是喝茶，光喝茶喝不出禅意。师父叫吃茶去是要以茶入禅（有助坐禅时提神解困乏，所谓"破睡见茶功"；有助于静思不烦躁），进而以禅会茶，饮茶与坐禅互动，才能茶禅一味，开窍悟道。茶性与佛理相通，才能有悟。修行有深浅、有高低，只有修行深的人，才能在坐禅中悟道。如今，在河北赵州柏林禅寺内，还立有"吃茶去"碑，永世纪念。中国佛教协会会长赵朴初有诗赞"吃茶去"云："七碗爱至味，一壶得真趣，空持百千偈，不如吃茶去。"虔诚心，悟茶性，悟佛理。

二十七 宜兴砂壶二传人的故事

饮茶必用茶壶。茶壶肚大口小,肚大可多装水,口小便于往外倒水而不漏,便于泡茶时往茶碗(杯)中注水。因此,唐代人开始把茶壶称"注子",后人觉"注子"这个名称不雅,改称"茶壶"。

在唐代,茶壶的材质多为金、银、铜、铁等金属制器,达官显贵尤推崇以"金银为优";也有陶器,尤其民间多用陶器,价廉适用。人们在使用不同材质茶壶的过程中,逐渐更加看重陶制砂壶,因为砂壶泡茶不吸茶香,茶色不损。据《长物志》载:"茶壶以砂者为上,盖既不夺香,又无热汤气。"所以砂壶被视为茶壶中的佳品。陶瓷砂壶与金属制茶壶比较,原料更易取,且廉价,更接地气,大众化。陶瓷砂壶大众容易效仿,更易接受,而且陶制茶壶更能充分发挥人的技巧和智慧,更具有特色,使茶壶既是饮茶的实用品，又是可供欣赏愉悦的艺术品。所以到明代，人们开始更加看重砂壶。在砂壶中，宜兴砂壶名声远扬。从古至今，民间流传着宜兴砂壶二位陶工的故事。

让宜兴砂壶名扬天下的第一人叫供春。史料《阳羡名陶录》记载："供春，吴颐山家童也。"传说明朝宜兴有一位读书人叫吴颐山，他有一个家童叫供春。吴颐山在金沙寺中读书，供春随从侍候。在家事之余，供春饶有兴趣地偷偷模仿寺中老僧用陶土搏坯，制作砂壶，做得多了，他做出的砂壶盛茶香气很浓，热度保持更久。世人知道后纷纷效仿，市场上便出现了争购"供春砂壶"的现象。供春真姓龚，所以也有写成"龚春砂壶"的。这就是宜兴砂壶的前期由来，此后在宜兴用陶土制砂壶的人越来越多，名声越传越广，通称"宜兴砂壶"。

后来，又有一个名叫时大彬的宜兴陶工，开始模仿做"供春砂壶"，但他不完全照搬照抄，在模仿中有所创新，有自己的特色。在原料选择方面，时大彬用陶土或用染色的碙砂土制作砂壶，壶形也比"供春砂壶"更大。他还注意市场舆论动向，有一次时大彬到江苏太仓做生意时，偶然在茶馆中听到"诸公品茶施茶之论"，各种议论使他受到启发，顿生感悟，回到宜兴后开始改做小壶。他做的壶朴雅坚实，妙不可思，很有特色。有评论说，"诸名家并不能及"。《画舫录》记："大彬之壶，以柄上拇痕为识。"是说世人鉴别，以壶柄上有时大彬拇指印的壶为贵。时大彬在继承中不断创新，逐渐形成宜兴陶人代代相传、继承发展的"宜兴砂壶"。人们把供春誉为使宜兴砂壶名扬天下第一人，对时大彬在继承基础上勇于创新的精神也倍加赞赏。如今，宜兴砂壶依然是人见人爱，誉满世界的优质茶具，不仅供人们饮用享受，还成了争相收藏的文化产品，艺术瑰宝。

砂壶要想用好，还想要保养好，要注意把握好养壶四要诀。一是泡茶前先用热水冲淋茶壶内外，兼具去霉、消毒、暖壶三种功效。二是泡茶时趁势擦拭壶身，切勿将茶壶浸入水中；泡茶时，因水温很高，茶壶本身的毛细孔会略微扩张，水汽会呈现在茶壶表面，此时，可用一条干净的细棉巾，在倒出茶汤后的间隙，把整个壶身擦拭一遍，这样可利用热水的温度，使壶身变得更加亮润；泡茶时，切勿将茶壶浸入水中，以免在壶身上留下不均匀的色泽；有些人在泡茶时习惯在茶船内倒入沸水，以达到保温的功效。其实这对壶身无益，反而会在壶身上留下不均匀的色泽。三是用茶后，茶壶要洗净阴干存放；每次用完茶后，务必把茶渣和茶汤都倒掉，用热水冲淋壶里壶外，然后将水倒干净，保持壶里壶外清洁；打开壶盖，放在通风易干之处，等到完全阴干后再妥善存放。四是绝对不要用洗碗精或化学洗洁剂刷洗砂壶。因为如果用洗碗精或化学洗洁剂洗砂壶，不仅会将壶内已吸收的茶味洗掉，甚至会刷掉茶壶外表的包浆，所以要绝对避免。

二十八 意大利人把《茶经》翻译成 意大利文出版

意大利汉学家马克·塞雷萨（Marco Ceresa）是威尼斯大学东亚系教授，是最先把《茶经》翻译成意大利文的意大利人，翻译的《茶经》于1990年11月出版。

马克对中国文化很感兴趣，1981年，他到南京大学学习汉语。结业后，他又到中国台湾学习、生活了6年，继续对中国文化进行探索、研究。在中国学习和研究的这段历程，对马克产生了很大影响，甚至因此他决定在威尼斯大学任教时，以教授中国文化为主。

马克在台湾攻读博士学位期间，一位朋友带他去了一家典型的中国茶馆品茶。在茶馆里，马克看到碧绿的茶叶伸展开来，悬浮在玻璃杯中，形象优美，品尝了茶汤后，清香甘醇，马克还欣赏了中国的茶道茶艺表演，突然对茶产生了浓厚兴趣。此后，他便开始翻阅大量有关茶的书籍、史料，了解茶的知识和历史。渐渐地，马克从大量阅读中形成了一种认识，"茶是中华文明的一个圣物"。比较各国文化，茶之于中国，犹如红酒之于法国、啤酒之于德国。茶是中国博大精深的历史文化中的瑰宝。

马克主要研究中国文化，研究中国茶的知识和历史就必须研读《茶经》。他知道《茶经》对种茶、采茶、制茶、茶具茶器的选择、煮茶的火候、用水以及如何品饮都有详细的论述，这本书在中国和日本的茶文化圈中都很有名，是公认的经典之作。不过，这本书对西方人来说却是完全陌生的，西方人并不知道有《茶经》。因此，马克认为在西方人对茶的兴趣逐渐浓厚起来的时候，有必要将这本书所记述的茶的知识告诉自己的同胞，他自己就有看《茶经》受益的体会。例如，他对饮茶用水很感兴趣。陆羽在《茶经》中告诉大家，饮茶用水，山水为上，江水为中，井水为下，还指出要到人烟稀少、污染较小的江边取水，不要到人烟稠密地方的江中取水。这使他联想到镇江的水是适合用来泡茶的，他看了《茶经》就很有用。于是马克下决心开始了将《茶经》翻译成意大利文的工作。

翻译最大的障碍还是在语言方面。唐代陆羽著的《茶经》，用的是唐代的汉字、汉语，翻译起来比现代汉字、汉语困难得多。好在马克已经学了十多年中文，加上他又有很多中国朋友，通过他们的大力帮助，问题逐渐得到了解决。功夫不负有心人，马克的辛勤努力使《茶经》的翻译工作克服了重重困难，终于完成。1990年11月，马克翻译的意大利版《茶经》正式出版问世。让他惊讶和特别高兴的是，这本中国茶的著作引起了很多意大利人的关注，广受欢迎。马克的努力和远见，用自己所学所研，为促进中意文化交流做出了积极贡献！取得了可喜成果！目前，茶已经成为一种世界性饮品，喜欢茶的人越来越多，这本《茶经》译著将在更大的范围内发挥作用。笔者很高兴在本书中将马克翻译《茶经》的故事分享给大家，以此表达对中意文化交流做出贡献的意大利学者的敬意！并祝愿马克继续努力向前，做出更大的贡献！

二十九　研究中国茶贡献的英国人

　　艾伦·麦克法兰是一名英国人，1941年出生于北印度阿萨姆，他家经营茶叶，在阿萨姆拥有广阔的茶园和豪宅。他的童年是在阿萨姆度过的，茶园生活是他难忘的童年回忆。青少年时期他回到英国上学，家族经营茶园的收入为他支付了昂贵的学费。所以他从小就对茶着迷，试图通过各种途径加深对茶叶的认识和了解。麦克法兰毕业于牛津大学，毕业后在英国、喜马拉雅地区、日本等地从事田野工作，在学术上有很高的建树，完成了十余部著作，并成了英国著名社会人类学家，剑桥大学社会人类学教授，英国学术院和欧洲研究院的两院院士，他的第17部著作《绿色黄金》，是他和他母亲艾瑞丝·麦克法兰合著的以茶研究为主题的专著，此书已有中译本出版。麦克法兰不是茶叶专家，不是以茶论茶。他是以社会人类学家的视野，去观察和研究茶与社会经济文化发展的关系，研究小叶片与大世界的关系。新视野将茶研究提升到一个新的高度和更广阔的领域中，因此得出了一些独到的见解，给人启发，发人深思。尤其令人高兴的是，在《绿色黄金》中，作者对茶在中国历史发展中的作用，中国茶对日本、对英国的影响，都有独到的见解，很值得学习、参考、交流、分享。他是第一个深入研究中国茶对世界影响和贡献的外国人，成果非凡。他的故事也令人欣赏和敬佩。

　　1990年，49岁的麦克法兰首次访问日本，其后又造访了三次。在日本访问期间，他总是被招待喝茶。他还参加了几次茶的仪式，体验过几个茶屋。他敏锐地感受到，茶在日本宗教、陶器、人们日常生活等方面都有广泛的影响。在日本，茶不仅是一种热饮，更被视为是"具有神性特质的药"。茶对日本社会生活有着极其重要的深远影响。日本的饮茶文化给他留下了深刻的印象，启示他要深入研究茶与社会经济文化发展的关系。从日本回英国后，为了加深对茶及茶研究的体验，麦克法兰在自家院里盖了一座日式茶屋，还辟了一条仿京都"哲学之道"的散步小径。经常午后他就和母亲在那里喝茶、散步，回忆他童年的阿萨姆茶园生活，谈论与茶有关的人和事。饮茶文化在日本社会生活中，乃至历史演进中所扮演的重要角色，使麦克法兰意识到："茶是一个能促进世界发生改变的重要物质。"

1993年，麦克法兰再次探讨工业革命的起源问题时，由于对茶和茶文化有了新的认识，他的研究便多了一个分析的切入点，多了一个观察工业革命背景的视角。他惊喜地发现，茶在世界传播的进程中，推进了工业革命。理由一，英国不产茶，茶叶从18世纪30年代开始大举进入英国，由少数人享有的奢侈品转变为大众饮品，茶进入了寻常百姓家。英国人因为饮茶减少了疾病，使大规模由水和食物传染的疾病得到控制并降低了死亡率。麦克法兰研究认为，茶是干净、卫生、安全的健康饮料，因为用沸水来泡茶，可以杀死水里大部分的有害细菌，从而使大众用上了卫生、安全的饮用水。另外，茶里的多种成分又具有抗感染和抗菌功能。理由二，饮茶成了英国人的日常生活习惯，成为了国饮。茶还有助于工人恢复体力、精力，有助于抗疲乏增强活力，从而提高工作效率。以上两点，都为推进工业革命创造了有利条件。

麦克法兰深入分析茶成为普遍性受欢迎饮料，迅速传播征服世界的原因，主要是因为茶具有其他加工制造的饮料所不完全具备的六大特点：①花费不高，一般人都喝得起。②较容易取得。③有较高产量，茶树是多产植物，采茶后大约6个星期就能长出新叶，一年能多次采摘。茶树能在从中国到非洲范围广大的气候区生长，且不与粮食争耕地。只要少许茶叶就能泡一壶茶，并且还能重复冲泡几次饮用。④干燥后的成茶很轻，便于运输和储藏。⑤茶很温和，饮茶能给人愉悦的感觉，还能提神醒脑，安神去燥，让人感觉振奋有活力，是整天饮用也不会有副作用的饮料。⑥茶饮干净、无菌、安全。麦克法兰研究指出，茶是干净、安全的卫生饮料，是能上瘾，但无害，较温和的有益饮料，是普遍受欢迎的饮料。正是因为茶叶具有这些特性，茶饮的传播速度才明显加快。几千年前，世界上还没有人喝茶，后来开始有人咀嚼这种植物的叶子，作为药用、食用。2000年前只有少数宗教社群的人开始饮茶，1 000年前已有数百万中国人喝茶（中国唐宋时期），500年前世界上已有一半以上的人将茶当作水之外的另一种选择。近500年来，茶饮已遍布世界各地，且还在进一步广泛、深入地发展。麦克法兰认为："茶是第一种真正带来世界性久远影响的全球性饮料"。

难能可贵的是，麦克法兰对中国茶的发展及其对世界的贡献做了深入地研究，尤其是中国茶在英国第一次工业革命中的作用，有其独到的见解。综述如下。

（1）寺院在中国茶树种植和茶文化发展中发挥了重要作用。中国在远古时期就在西南地区发现了野生茶树，是公认的茶树原产地。人类开始是口含咀嚼茶叶，后来用于水煮药饮。最早把高大的野生茶树（乔木）移植改良成矮小的易采摘的种植茶树（灌木）是佛教寺院的名僧。中国自古有"名山有名寺，名寺有名茶"之说。中国佛僧种茶最早的记载是西汉甘露年间（公元前53年至前50年），佛僧吴理真在西南地区四川雅安蒙顶山上栽了七株高不盈尺的茶树，吴理真被人尊称为茶祖，他开始在寺院自种、自采、自制、自饮茶。后来，种茶、制茶、饮茶由寺院传播到民间，民间形成饮茶习俗。寺院在中国茶业发展中发挥了重要作用。麦克法兰研究认为："茶被认为是一种能帮助人冥想，增加心灵专注，抵挡睡意侵袭的植物。佛教徒非常欣赏这种灵丹妙药。"也就是说,茶有助于人潜心修行、定神坐禅,并形成了佛教茶文化"以茶入禅""茶禅一味"的特色。中国佛教的茶文化后来传到了日本,影响深远。

(2)陆羽著的《茶经》,进一步促进了茶叶的生产和消费,促进了茶叶唐兴宋盛的快速发展,也促进了中国经济社会的发展。尤其是在长江流域茶业发展更快速,茶文化更兴盛。麦克法兰研究发现,中国唐宋时期人口激增,经济文化蓬勃发展,原因之一是饮茶降低了人口死亡率,提高了劳动效率。他认为,"如果我们把茶从唐宋文明中剔除,唐宋就不可能有如此高度发展的文明。"

(3)茶叶发展带动了陶瓷、竹木等相关产业的发展。麦克法兰研究说:"茶叶发展的同时,也刺激了中国瓷器生产,出现了中国陶瓷工业的黄金时代,反映了茶叶产地、制作和饮用风格的改变。"也就是说,茶叶发展带动了生产茶事器具的相关产业的发展、进步、革新。

(4)茶叶发展满足了塞外游牧民族对茶的迫切需求,促进了内地与边区的商贸发展与文化交流。在出现了茶砖后,规格统一的茶砖还可以当作货币使用,出现了茶马互市,茶马古道等举世闻名、富有特色的发展格局。

(5)中国茶叶和茶文化传入日本,对日本的茶叶发展和茶道形成有重大而深远的影响,主要表现在三个方面。

一是日本自古就无茶树,至8世纪,开始从中国引入茶种,并在日本寺院种茶。种茶成功后,开始向民间推广。12世纪后期,日本荣西禅师两次到中国学习佛法,并将中国茶种带回日本寺院种植,推进了日本种茶、饮茶的进程。至室町时代日本已大量种茶,并延续至今。麦克法兰幽默地说:"从13世纪到16世纪,茶树殖民了这个新帝国。"可以说,没有中国茶种的传入,就没有在日本本土大规模种茶的欣欣向荣的好局面。

二是日本人从没有饮茶习惯到普遍饮茶,饮茶已成为日本人生活不可或缺的组成部分，这主要是受中国茶文化影响的成果。中国的饮茶方式刚开始传入日本时，只是在寺院和上层人士中饮茶，后来才传到民间，尤其是荣西禅师1168年、1187年，两次从中国学习返日，写了《吃茶养生记》一书，这是日本历史上第一部关于茶的专著。书中将茶叶称为"养生之仙药""延龄之妙术"，饮茶在日本民间得到快速传播，逐渐形成了社会习俗。日本民间有"早饮茶添福运"的传说。到室町时代，日本饮茶之风开始盛行，各阶层的人都开始饮茶，茶室和茶摊已经在日本街道出现。

三是中国茶文化传入后，与日本本土文化结合，逐渐形成了独特的日本茶文化——日本茶道。可以说，中国茶文化是日本茶道之源，日本茶道是中日文化交流的结晶。中日两种茶文化都将茶、宗教、文化交织在一起。中国佛教茶文化讲求"以茶入禅""茶禅一味"，中国茶道讲求"真、和、静、怡"；日本茶道追求"和、敬、清、寂"，同根同源，各有特色。中日茶文化交流不是商业模式，不走商贸渠道，而是一条独特的路径，文化模式，走宗教文化交流渠道。公元8世纪至12世纪（中国唐宋时期），日本多次派使节、派僧侣到中国学习中国文化并带回日本，以促进日本文化的发展繁荣。麦克法兰从西方人的视角研究中日茶文化后说，"茶变得不只是使身体愉悦和带来心灵影响的饮料，它几乎变成一种生活方式。"西方要完全理解东方文化，还是有一定难度的。他又说："饮茶文化在日本社会生活，乃至历史演进中都扮演着重要角色。"茶已经成为日本文化的一个象征。

（6）中国茶传入西方，并得到广泛传播，尤其对英国工业革命有重要贡献。最早将中国茶输入西方的是荷兰商人。1610年，中国茶叶由荷兰商船运入荷兰后，荷兰饮茶风俗也随之而起。荷兰是欧洲最早出现饮茶之风的国家。此后，中国茶由荷兰输入欧洲其他国家，再销往北美。在瑞典，人们起初对茶和咖啡的引入都持怀疑态度，不敢贸然享用。于是国王古斯塔夫三世以免除死刑作条件，用两个死囚做实验。两个死囚是一对双胞胎，一人饮茶，一人喝咖啡，结果两人都安全没事，饮茶的那位后来活到83岁。所以欧洲茶商推介茶叶都打"茶叶安全，有益健康"的广告。17世纪荷兰著名医师尼克拉斯·迪鲁库恩是非常热情宣传茶的西方人，他在《医学论》一书中写道，"茶可以治病，可以使人长寿。"17世纪中期，在荷兰饮茶就比较流行了。逐渐茶在欧洲享有"百病之药"的美誉。大约在1630年中国茶从荷兰输入法国，1640年输入英国，中国茶还有一个很大优点就是价格便宜，使大多数人都能消费得起。英国人开始喜欢喝茶，且深深着迷，英国饮茶之风兴起。英国饮茶之风的盛行，还有赖于将中国红茶带入英国皇室的凯瑟琳王后，她倡导喝下午茶，推进了饮茶之风在英国盛行。"饮茶王后"成了大家崇尚的偶像，饮茶进入寻常百姓家，成为英国国饮。英国从一个不产茶、过去无饮茶习俗的国家，变成了世界上饮茶消费王国。更有甚者，在英国饮茶的兴起还促进了与饮茶有关的陶瓷制造业的产生和发展。英国原来需要从中国进口茶具，后来开始自己生产，英国本土出现了很多制造茶具的公司，技术上也有了很大进步。制陶工业在英国第一次工业革命中便引人注意，其中乔塞亚·韦奇伍德尤为突出，成了欧洲最成功、最令人尊敬的制陶人。1774年6月，乔塞亚·韦奇伍德和他的合伙人托马斯·本特利为俄国女皇叶卡捷琳娜二世定做了一套陶器，造价3 000英镑，共有952件，被伦敦显贵们争相目睹。由此越来越多的人购买韦奇伍德的产品，韦奇伍德也成了第一批闻名全球的商标之一。茶叶和制陶业的兴起与发展，不仅受民众欢迎，也成了政府的重要税收来源。麦克法兰研究说："有人认为，英国之所以拿下印度并在与法国的殖民和政治角力中获胜，依赖的就是茶叶发展所创造的财富"。英国人饮茶风气的形成，不仅促进了英国的"勤勉革命"，而且使英国人养成了良好的生活习惯。英国工业革命与饮茶盛行的时间几乎重叠，说明二者关系密切，不是偶然现象。

三十 中国茶与中美交往的历史事件

中国茶传入美国历史悠久，两国交往渊源深厚，有三大历史事件永载史册，值得铭记。

一是18世纪的波士顿倾茶事件。17世纪50年代后，英国东印度公司开始将茶销往美洲新大陆。英国殖民者自此垄断了北美的茶叶贸易，英国人将饮茶习惯也带到了美洲。英国统治者为了获取更大的利润，趁机提高茶叶税。民众对英国的税收不堪重负，怨声载道。为抗议英国提高"红茶税"，1773年12月16日，一群乔装成印第安人的波士顿茶党人士，爬上停泊在波士顿港口的英国东印度公司商船，将价值约1.5万英镑的342箱茶叶全部倒入大海，历史上称为"波士顿倾茶事件"。

"波士顿倾茶事件"是反对英国殖民的重要事件，成为引发美国独立战争的导火索，是美国独立进程的重大历史事件。倾倒入大海的茶叶，就是来自中国福建的武夷红茶。因此，从某种意义上来说，中国的武夷茶见证了美国独立的历史进程。

二是18世纪美国"皇后号"商船首航中国成功，拉开了中美两国直接贸易的序幕。1783年美国独立战争结束后，建国大业百废待兴，在遭受英国全面封锁，经济发展十分困难的情况下，急需寻求突破。美国政府把商机着力点选在万里之外，大洋彼岸的中国。1784年2月22日乔治·华盛顿52岁生日那天，他主持了特意被命名为"中国皇后号"商船的下水仪式，满载希望的"皇后号"载着一大批货物驶向中国。经过6个多月航行，克服重重困难，"皇后号"于1784年8月底成功抵达中国。"皇后号"进入珠江港口时，鸣炮13响，表达当时美国13个州对中国的敬意。货物在中国销售后，返航时购买了大量中国货物（瓷器、茶叶、丝绸、工艺品……）于圣诞节后返回美国，其中茶叶是大宗，有红茶2 460担，绿茶562担。"皇后号"首航成功，拉开了中美直接贸易的序幕，茶叶也成为中美两国经济交流的重要商品。由于策划与支持此次首航的美国官员摩里斯有功，被任命为美国第一任财政部部长，并直接负责中美贸易。美国国会对"皇后号"首航中国成功，还向全国发布了通报表扬信。2009年美国总统奥巴马访华时，在上海与中国青年对话，在谈到中美关系源远流长时说："美国独立初期，乔治·华盛顿主持'皇后号'的下水仪式，满载货物的商船驶往大清王朝时期的中国。华盛顿希望与中国建立纽带关系。"在奥巴马访华时，中国出口到美国的茶叶已位居中国茶叶出口的第二位。

三是在20世纪，1972年美国总统尼克松访问中国，毛泽东主席在中南海会见尼克松时，接待他的茶是毛主席很喜欢的茉莉花茶，并赠送给他四两（相当200克）很珍贵的大红袍茶。事后周恩来总理得知尼克松觉得送的茶有点少，笑着去对尼克松解释说，"大红袍茶极其珍贵，原种茶树现仅存三株，每年所产精茶不到500克。我们主席已将他珍爱的一半家当送给您了。"尼克松听后肃然起敬，并深感荣幸。大红袍茶在中美两国关系正常化进程中成为珍贵礼品，茶在交往中扮演着重要角色，做出了特殊贡献！*

---

　　* 此资料参阅自新华网，2020年7月20日，作者：冰凌，题目：《中美茶缘悠远见证中美两国交流与发展》。

第七章 关于茶文化

　　《茶经》之所以成为经典，因为它是第一本系统总结和全面体现中国自古至中唐的茶事和茶文化之作，是世界最早的一部茶学、茶事专著。各章的具体内容是中华茶事和茶文化之实、之形，陆羽追求的"珍鲜馥烈"和倡导的"精行俭德"，是贯穿《茶经》全书的精神支柱，是引领全书的魂，也是中华茶文化之魂。《茶经》为茶人提供了做茶事、品茶香、行茶道、论茶艺、学茶礼、积茶德的行为规范和前进指南。陆羽希望看到此书的人能"目击而存，于是《茶经》之始终备焉。"事、香、道、艺、礼、德，看了能记住，他的目的就达到了。能目击而存，就能推而广之，发扬光大。如今读来，深觉中华茶事和茶文化源远流长，极其珍贵，意义深远。《茶经》仍具有指导意义。中国是茶的发源地、制茶的起源国、茶的故乡、茶文化的摇篮。茶文化是中华文明的瑰宝。英国著名科学家、史专家李约瑟在《中国科学技术史》中称："茶是继中国四大发明之后的第五大发明。"中国茶和茶文化传播世界。

一 茶饮四境界

中国人茶饮的历史已有几千年，发展变化呈现出四个境界：药饮、食饮、交饮、悟饮。

药饮，即作药饮用，有健身祛病之功效。《茶经》说，"茶之为饮，发乎神农氏。"《神农本草经》记，"神农尝百草，一日遇七十二毒，得茶而解之。"这是最早关于茶为人类所用的传说记载，五千多年前的炎帝神农氏，饮茶解毒是国人发现和饮用茶的开始，饮茶还能使人兴奋、提神。《神农·食经》曰："茶茗久服，令人有力，悦志。"

食饮，即作饮料、饮食用。茶作为食物成为人们日常生活的一部分。把茶当作饮品，大约始于秦汉时期，以后逐渐由茶饮发展成茶食。人们把野生茶叶药用后，进一步从采摘野生茶树的茶叶，发展到种茶、制茶、饮茶。还把茶与葱姜等相伴调盐，做成茶菜、茶饼食用。茶日益进入人们的日常生活，民间出现了"早起开门七件事，柴米油盐酱醋茶"之说。一些高官也把粗茶淡饭作为一种美德。《晏子春秋》记载，"婴相齐景公时，食脱粟之饭，炙三戈五卯茗茶而已。"是说晏婴官为宰相，吃糙米饭，炒几个荤菜和茶叶做的茗菜而已。这是以茶做餐菜的历史记载。

交饮，即饮茶成为社会交往的重要形式和内容，作为礼仪、接待、交往、聚会用。魏晋南北朝时，官家以茶果待客，文人以茶代酒，由生活用茶发展到交际用茶，也称礼饮。饮茶由食饮向交饮、礼饮前进一步，促进了茶文化的逐渐形成和发展。张孟阳《登成都楼诗》中，有"芳茶冠六清，溢味播九区"佳句。"芳茶"指茶，"六清"指那时普遍饮用的酒，茶冠过酒，溢味播九区，说明文雅之风盛行，以茶代酒之风已兴。佛教戒酒，奉茶待客。从民间、宗教到官家，茶让中国的饮食文化进入了一个很有特色的文明体系。

唐代，茶礼之风更是兴盛。唐太宗嫁文成公主以茶为礼更是把茶礼推到了新高度。据《唐书·吐蕃传》记载，唐太宗贞观十五年（公元641年），文成公主嫁给松赞干布入藏时，嫁妆中带去了茶叶作为婚姻美满的象征。西藏地区饮茶之风由此更盛，至今已有1380年。茶树是常绿植物，人们常用茶来借喻爱情之树常绿。以茶作为礼品象征新郎新娘永结同心，白头到老，枝繁叶茂，多子多福。唐代由此兴起将茶叶作为婚礼必备礼品的社会风俗。男方向女方求婚，聘礼中有聘金、茶叶称为"吃茶"，女方接受聘礼称为"受茶"。演进至元代明代，"茶礼"几乎成为婚姻的代名词，有"茶礼"便是合乎道德、合乎规矩的婚姻。到清代还有"好女不吃两家茶"之说。明代陈耀文在《天中纪·茶》中诠释茶礼的起源时说，"凡种茶树必下子，移植则不复生，故民俗聘妇必以茶为礼。"至今，我国许多农村仍把婚礼称为"吃茶""受茶"，把订婚的礼金称为"茶金"，把彩礼称为"茶礼"。在婚礼中，新郎新娘喝"交杯茶""和合茶"，向父母尊长敬献"谢恩茶""认亲茶"等礼仪还普遍流行。各民族还有各自的特色。据传，现流行于民间的叩指礼（又称叩手礼）起源于乾隆年间。乾隆皇帝多次下江南微服私访，有一次在民间茶馆喝茶时，他乘兴提起茶壶给身边的侍从倒了一杯茶，吓得侍从不知所措，心想万岁爷给我倒茶，这万万使不得，但又不能当众暴露皇帝的身份，不能跪在地上向皇上谢恩，急中生智便将食指、中指弯曲在桌上轻叩三下，屈指代跪。乾隆皇帝龙颜大悦。从此之后，叩指礼就在民间广为流传开了。乾隆皇帝在位的60年，据记载有43年的冬季都在重华宫举行一次茶宴，通称"三清宴"。办宴的日子通常选在一个雪花漫飞的冬日。茶宴上品饮的是"三清茶"。即，以龙井茶为主茶，佐以三样高雅清品：象征傲雪凌霜的梅花、寓意四季常青的松子和寓意福寿喜庆的佛手。参加茶宴的都是位高权重的皇帝亲信、高官显贵，使茶宴显得尤其重要，中国茶传到英国后，在西方逐渐兴起了下午茶。日本著名茶道专家冈仓天心评论说："如今，下午茶已经成了西方社会一项重要的社交聚会活动。从杯盘茶碟的清脆碰撞声中，从女主人殷勤温柔的敬茶声中，以及从是否需要加奶加糖互相尊敬的问答中，茶礼便毋庸置疑地建立起来了。"

悟饮，即饮茶从物质境界上升到精神境界，由品饮到悟饮，上升到更高层次。常人饮茶就是喝茶，可以得到所需要的物质享受，解渴、提神、醒脑、清爽等，令人舒适。陆羽追求的饮茶物质享受是要做到"珍鲜馥烈"。高僧饮茶是以茶入禅，以禅会茶，是禅饮。饮茶是有助坐禅悟道的途径；高人饮茶是修身养性，品悟人生，是意饮。饮茶是怡然自得的一种意境，是陶冶情操的一种享受。高僧禅饮悟道，高人意饮悟人生，可通称悟饮。品饮的是茶，感悟的是道、是人生，体味的是神韵。心态平和，静心自悟，天人合一，茶悟相融，由觉到悟，行为规范，品德高尚，身心健康，延年益寿。人们把高寿达108岁的长者，尊称为"茶寿"。

人们对茶的认识、理解和享用，从最初的药饮、食饮，也就是物质文明境界，逐渐上升到交饮、悟饮，也就是上升到物质文明与精神文明相结合的更高境界，物质的茶与精神的茶相生共存，茶形与茶魂融为一体，由物质享用上升到精神享受，从日常生活扩展到社会交往、精神升华，由觉到悟，把茶事作为一种文化、一种艺术、一种交流、一种精神、一种享受，逐渐形成了富有特色的茶文化民俗、礼仪和茶道。生机活泼的茶文化把尝、品、悟与当下文化特征结合起来，不僵化、不死板，在继承中发展。我国茶文化是极具东方品质特色的文化载体，以茶健身，以茶养性，以茶会友，以茶示礼，以茶论道，以茶舒心。品茶之味要有雅兴，悟茶之道要有灵心，每个人虽有不同的体会和认知，但都有各自的感受，有与茶结缘的舒适感、幸福感。茶是健康、有灵性的普适性饮品，有人得到高贵、雅致的享受，有人感到开心、舒服。各有所好，各得其所，都能找到适合自己的最好享受。吃茶去，享用你的茶。

二　关于中国茶道

茶交往蔚然成风，逐渐形成了富有文化特色、礼仪色彩的规范化、程式化的茶道。茶道是茶文化的重要内容，是茶人追求茶事技艺、精神境界、道德风尚的重要体现。茶道是在茶产业、茶文化发展进程中逐渐形成的，有规范的程式、技巧、礼数，茶道就是品茶、饮茶之道，其要领是要选好茶、泡好茶，创造良好环境，会品茶、赏茶。

陆羽是我国推行茶道的奠基人。他在《茶经》中倡导的"珍鲜馥烈""精行俭德"就体现了他推崇和追求的茶道内核和精神。宋徽宗赵佶在《大观茶论》的序言中说，"至若茶之为物，擅瓯闽之香气，钟山川之灵禀，祛襟涤滞，致清导和，则非庸人孺子可得而知矣；冲淡闲洁，韵高致静，则非遑遽之时可得而好尚矣。"赵佶的茶道观可概括为"清、和、韵、静"四个字。从古至今，不少学者、名人对中国茶道作出了表述，提出了见解，初步梳理一下，涉及的字有珍、鲜、馥、烈、精、行、俭、德、清、静、和、美、敬、怡、真、健、廉、正、圆、融、伦、理、雅、韵24个，都有一定道理。真是丰富多彩，各有见地。但都大同小异，基本点是相通的，共同的。中国茶道概括而言，大家追求的集中体现为四个字：真、和、静、怡。

真，是茶道的根基，是起点，也是终极追求。工夫茶道六要素：茶、水、火、器、境、人。自始至终都要真。茶要真，水要清，火要纯，器要精，境要雅，人要诚。和，是茶道的核心理念。和为贵，和利万物，中庸平和。对人尊敬，和谐包容，共享安逸。泡茶时，不偏不倚，中和有序；待客时，礼敬，谦和；品茶时，心态平和，俭德愉悦。静，是茶道的修习路径和修习环境。修身养性，心静则清，不张扬，荡昏寐，去烦躁，静聚神，静生慧，静能悟心静则明；怡，是茶道追求的心灵感受，精神境界。陶冶情操，心旷神怡，品味人生，怡然自得，真善美，舒适安逸。把品饮茶升华到具有美感和哲理的精神境界。物质文明与精神文明相结合，自然而然，舒心悦神。

在日常生活中，一般人喝茶不讲形式，不拘一格，要的是方便、自在、随和、舒爽、自然，就很高兴，很满足了。高层次的人喝茶就有讲究，讲品位、程式、礼仪，对真、和、静、怡要求就高了，就出现了茶道，要喝工夫茶，沏泡有学问，操作有技艺，程式有礼仪，品饮有韵味。国别、民族、文化、信仰、习俗不同，茶道也会有不同的特色。中国茶道讲求"真、和、静、怡"，日本茶道讲求"和、敬、清、寂"，韩国茶道讲求"清、静、和、乐"。三国的茶道表述各有特色，出现和、敬、清、静、寂、怡、乐、真八个字。但也有共性，集中在和（敬）、清（静、寂），怡（乐）上。尤其"和"字，三国茶道都有"和"字，只是位次排列不同，说明茶道是相通的，其基本点是人类共同信奉的。茶与茶道，是有普适性的。日本明治时期的著名思想家、茶道专家冈仓天心评论说："茶道是一种对'不完美'的崇拜，是在我们明知不完美的人生当中，对完美所进行的一种温柔的尝试。"他甚至认为，在品茶时，茶是至高无上的东方精神。

工夫茶道是饮茶的艺术，又称茶艺，是品茗的方法及意境，是茶人在选定的优雅环境中进行选茶、备器、注水、品饮的艺术活动。既重技艺，又重环境、仪容仪态、奉茶礼节等，有标准要求，程式严谨。一般茶艺规范有九程式：①湿壶；②净器；③投茶；④注水；⑤除沫；

⑥分茶；⑦奉杯；⑧闻香；⑨品饮。工夫茶的程式更加精细，以三泡茶为例，有十八程式：①鉴赏香茗（鉴赏茶品，介绍特点）；②湿壶（用沸水浇壶身）；③投茶（用茶匙将茶叶拨入茶壶，又称乌龙入宫）；④注水（向壶中注入开水，水满壶口为止）；⑤除沫（刮去壶口泡沫，盖上壶盖，又称春风拂面）；⑥去尘（倒出壶中水，洗去茶叶浮尘，又称熏洗仙颜）；⑦净杯（用第一泡茶水烫洗茶杯）；⑧玉液回壶（再次往茶壶内注满开水）；⑨刮水（将壶底沿茶盘刮一圈，刮去壶底之水）；⑩斟茶（为每一个小茶杯斟茶）；⑪敬茗（向每位客宾敬奉杯茗，一人一小杯，先敬主宾，或按一定顺序依次奉杯）；⑫品茗（先闻香，然后品饮，又称品香审韵）；⑬二泡（再次往茶壶内注满开水，冲二泡茶，又称再冲玉液）；⑭复浴（再次用茶水烫洗茶杯）；⑮再斟（第二次往茶杯斟茶）；⑯再品（再次品饮香茗，又称再享醇韵）；⑰三斟（往茶杯斟三泡茶，又称三斟流霞）；⑱三品（品茗三泡茶，又称品味人生）。茶品三泡，可以品出真香，达到珍鲜馥烈的要求；也可品味人生，感获人生体验。

流行于云南大理白族自治州的三道茶，就深含哲理。不论过节、寿诞、婚嫁、宾客来访以及民间旅游，主人都会依次以"一苦二甜三回味"三道茶来款待。第一道向客人先敬苦茶，第二道敬甜茶，第三道敬回味茶，象征人生感悟，茶文化已将人生哲理融入民间生活体验中。在品茶中，有人把品字三口与三道茶联系诠释为，一口可消烦，提神醒脑荡昏寐；二口品茶色香味，欣赏茶的物质特征，得到茶的物质享受；三口悟人生苦甜，领会天地自然，觉悟人生百味，从物质享用上升到精神享受。恰如《茶论赋》所言，"茶有三味。一味沧桑，原生而浓烈；二味饱满，丰盈而甘甜；三味天高云淡，恬静而意远。"茶要用心品尝，让身心得到充分享受，就会怡然自得，其乐无穷。

我国是多民族国家，饮茶已普遍流行于各民族，并呈现出丰富多彩的民族特色。所谓茶道茶艺也有多种表现形式。如汉族多为清饮，各地也有所不同，杭州流行品龙井，闽南、潮汕流行啜乌龙，广州流行吃早茶，北京兴起大碗茶，成都云南流行盖碗茶；新疆北疆流行喝奶茶，南疆流行香茶，藏族流行酥油茶，蒙古族流行咸奶茶，傣族流行竹筒香茶，苗族、侗族流行打油茶，回族流行罐罐茶。千姿百态，不胜枚举。

三 关于茶书茶著

中国是茶的原产地，是种茶、制茶的发源地、首创国，中国茶书也居于领先地位。公元780年，陆羽《茶经》是世界上第一部茶事、茶学专著，影响深远。《茶经》问世后，围绕《茶经》的解读、补充和记载越来越多，研究茶事的书也逐渐多了起来。2007年由郑培凯、朱自辰主编的《中国历代茶书汇编校注本》，汇集了从唐至清的114种茶书，内容丰富、全面，涉及茶的起源、性状、名称、历史、功效、茶与生态条件的关系；茶叶产地、种类、等级鉴别、名茶（《茶谱》《茶录》）；茶叶采摘的时间、季节与方法及采茶工具；制茶方法及工具；烤茶、煮茶、饮茶的方法及器具的配备、选择；煮茶用水的选择及品第，烧水燃料的选择及火候掌握；茶的储存；茶忌；饮茶风俗、茶的故事等，方方面面。影响较大的首推《茶经》，还有宋代蔡襄的《茶录》上、下篇（公元1049—1053年著，上篇论茶的色、香、味、贮藏、碾茶、冲泡等，提出茶有真香，不宜掺入龙脑等香料的主张；下篇论茶器），宋徽宗赵佶的《大观茶论》（公元1107年），这是皇帝挥笔著书论茶。《大观茶论》对宋朝茶事兴盛大加赞赏，对茶产地、茶季、采茶、蒸压造茶、品质鉴评及白茶等分别进行了论述，对制茶、煮茶方法，盛茶碗盏、煮茶用具，水质，火候掌控，茶叶冲泡，茶叶贮藏等进行了研讨，内容全面，研究深入。帝王亲自撰著茶书，还绘茶画、写茶诗，举世无双。明代明太祖朱元璋第十七子朱权编写了《茶谱》(公元1440年前后),他主张保持茶叶真味,不掺入香料,提倡烹饮散叶茶,重点介绍了蒸青散叶茶的烹饮方法,这在当时是一个创新主张,对推进由团茶、饼茶、煮茶、点茶,改变成散茶、泡茶,有重要的贡献。明顾元庆删校、钱椿年撰写的《茶谱》(公元1541年)很有影响,主要内容包括茶树性状、各种名茶、种茶、采茶、制茶、藏茶、煎茶四要(择水,择品,洗茶,候汤)、饮茶功效等,尤其在书中对于花茶的窨制方法,指出要采摘含苞待放的香花,茶与花要按一定比例拼配,要一层茶一层花相间堆置窨制等,是很有价值的。明许次纾的《茶疏》(著于公元1597年),内容相当丰富,尤其对什么时候适宜饮茶,什么时候不宜饮茶,饮茶时哪些器具不宜用,饮茶环境等都提出了要求,可谓非常讲究。有人把《茶经》《大观茶论》《茶疏》并称为中国古代三大茶书。明代还有陈耀文的《天中记·茶》等。唐、宋、明三代是茶书创作兴起和繁荣的时期,在国外也有很大影响力。在宋代,日本高僧荣西(千光国师)分别于公元1168年、1187—1191年两度来中国学习佛法并学习了种茶、饮茶。他回日本后,大力传播从中国学到的佛僧讲经布道、行茶仪式,并将从中国带去的茶籽在他主持的禅寺种植,还写了日本第一部茶书《吃茶养生记》,宣扬饮茶健身的功效,大大促进了日本茶业(种茶、饮茶)的发展,被尊称为"日本陆羽"。可见中国宋代的茶产业、茶文化发展之兴盛,影响之深远。清代,著名茶书有刘源长的《茶史》,王复礼的《茶说》,等等。总之,中国茶书是世界最早的,茶书数量也可称世界之冠。

新中国成立之后,国家很重视茶叶资源的开发利用和保护,很重视茶产业的发展与人民的健康,加强了茶叶区划研究、优化布局和规划工作,加强了名茶培育、品牌建设及茶叶人才培养,四大茶区特色突出,实现了空前的发展。饮茶与健康,茶叶品质分析、鉴别,茶叶制作加工,茶叶区划,中国名茶,茶叶生产及加工技术装备等有关的茶文、茶书不断涌现,茶叶本科及专业培训教材也相继出台,近代茶书内容更丰富、更深入,科技含量更高，推进了我国茶产业、茶文化、茶科技持续健康发展，为进一步登上更高的高峰，提供了有力的科技支撑。代表作有，1982年中国农业科学院茶叶研究所的《茶叶区划研究》，1984年吴觉农主编的《茶经述评》，陈宗懋主编的《中国茶叶大词典》，程启坤主编的《赏鉴名优茶》《茶的营养与保健》，姚国坤主编的《中国茶文化丛书》，周国富主编、姚国坤副主编的《世界茶文化大全》，等等。

要特别强调的是，自20世纪以来，陆羽《茶经》已陆续被译成日、韩、英、法、俄、德、意等外国文字出版，在世界广为传播。日本国会图书馆、美国国会图书馆、英国伦敦大学图书馆、意大利威尼斯大学图书馆及民间《茶经》外文藏本有35种之多。1928年，《茶经》已编入英国大百科全书。

另外，还要指出的是，在中国著名的古典小说或奇书如《三国演义》《水浒传》《西游记》《红楼梦》《金瓶梅》《聊斋志异》《老残游记》中，都有关于茶事的描写。近代还出现了专门描写茶事的小说，如陈学昭的长篇小说《春茶》，王旭烽的"茶人三部曲"（《南方有嘉木》《不夜之侯》《筑草为城》），章士严的纪实文学《茶与血》等，茶事小说的兴起，引人期待。

四 关于茶诗茶联

茶文化丰富多彩，呈现出多种形式，茶诗是茶文化的重要内容之一。中国茶诗浩如烟海，有名家、诗人所作，也有民间自创，题材广泛，内容丰富，体裁多样，雅俗共赏。茶诗多为五言、七言，还有四言、九言及一至七言宝塔诗等，涉及名茶、名泉、采茶、种茶、制茶、茶器、烹茶、品茶、颂茶等方面。除本书前文中已经引用过的一些茶诗外，这里仅摘选一些佳句，供学习鉴赏。

四言诗句："茶的青烟，血的蒸气，心的碰撞，爱的缠绵。"

"沫沉华浮，焕如积雪。"这是晋代杜育《荈赋》中形容茶汤形态，色泽之美的四言诗句。

五言诗句："茶里乾坤大，壶中日月长。"

"香飘千里外，味酽一杯中。"

"烹煎黄金芽，不取谷雨后。"

"清影不宜昏，聊将茶代酒。"

"烹茶水渐沸，煮酒叶难烧。"

"懒倾惠泉酒，点尽壑源茶。"

"烹煎黄金芽，不取谷雨后"，是元代文人虞集游龙井后写下的诗句，是赞颂龙井茶的奠基之作，在我国名茶史上值得记上一笔。"懒倾惠泉酒，点尽壑源茶"是北宋著名画家在其代表作之一《苕溪诗》中的诗句，记述他受朋友款待，每日酒菜不断，导致身体不适。遂改为以茶代酒，倍感舒适的感受。诗中"点尽"二字，反映出北宋时期点茶之风盛行的世况。

七言诗句："千挑万选白云间，铁锅焙炒柴火煎。

　　　　　陶壶醇香增诗趣，瓷瓯碧翠泯忧欢。"

这是王心鉴的《咏茶叶》，生动自然，活灵活现。

"战胜睡魔功不小，助成吟兴更堪夸。

亡国败家皆因酒，待客何如只饮茶。"

"泉从石出表宜洌，茶自峰生味更圆。"

"茶香高山云雾质，水甜幽泉霜雪魂。"

"九曲夷山采雀舌，一溪活水煮龙团。"

"万木寒痴睡不醒，唯有此树先萌芽。"

"溪水清清溪水长，采茶姑娘采茶忙。"

"淡淡茗香醉远客，浓浓深情敬爹娘。"

"美酒千杯难知己，清茶一盏也醉人。"

"得与天下同其乐，不可一日无此君。"

毛主席与诗友柳亚子用诗交谈国家大事的美谈传颂至今。其中就有"饮茶粤海未能忘，索句渝州叶正黄。"的珍贵名句涉及茶。

九言茶联："大碗茶广招九州宾客，老二分奉献一片丹心。"

这是著名的北京老舍茶馆的茶联。上联说出了茶馆"以茶会友"的本色，下联阐明了茶馆"以人为本"的经营宗旨，两者相辅相成。

唐代元稹写了一首茶的宝塔诗（一言至七言诗）：

茶

香叶　嫩芽

慕诗客　爱僧家

碾雕白玉　　罗织红纱

铫煎黄蕊色　　碗转曲尘花

夜后邀陪明月　　晨前独对朝霞

洗尽古今人不倦　　将知醉后岂堪夸

　　还有皎然、卢仝的饮茶诗，有异曲同工之妙，历来受人欣赏，称赞，广为传诵。

《饮茶歌诮崔石使君》

皎然

一饮涤昏寐，情思朗爽满天地。

再饮清我神，忽如飞雨洒清尘。

三饮便得道，何须苦心破烦恼。

此物清高世莫知，世人饮酒多自欺。

　　皎然的"三饮"，系统地阐述了饮茶的精神功能。从涤昏寐，到清我神，再至便得道，这些是世人很难体会到的。

　　卢仝在《走笔谢孟谏议寄新茶》中说：

　　"一碗喉吻润。二碗破孤闷。三碗搜枯肠，唯有文字五千卷。四碗发轻汗，平生不平事，尽向毛孔散。五碗肌骨清。六碗通仙灵。七碗吃不得也，唯觉两腋习习清风生。蓬莱山，在何处？玉川子乘此清风欲归去。"这首被大家称为卢仝的"七碗茶歌"，把饮茶的润喉、解闷、洗肠、发汗、清爽、通灵、透气功能和他饮茶的感受写得惟妙惟肖，入木三分，十分难得。苏轼有诗赞曰，"何须魏帝一丸药，且尽卢仝七碗茶。"

五　关于茶画及茶馆文化

茶画生动形象地描绘了我国从汉代以来历代的茶风、民情，是我国茶文化发展的历史见证。

汉代。至今已发现的最早茶画是距今已有2100多年的长沙马王堆汉墓出土的汉代帛画《敬茶仕女帛画》，其描绘出西汉年间皇家贵族烹煮茶饮的情景。还有在四川大邑县出土的东汉年间画砖上，有文人宴饮的茶事情景，证明了汉代上层人士已有饮茶风气。

唐代。阎立本的《萧翼赚兰亭图》，其儒释同堂的谈论、品饮场面，被认为是古代茶事书画的精品。还有《宫乐图》也是茶事书画中研究饮茶文化的珍品，现存于台北故宫博物院。

斗茶图

赵佶品茶抚琴图

碾茶图

五代时期。顾闳中的《韩熙载夜宴图》是鸿篇巨制，夜宴场景有茶饮、茶食、茶具，说明当时品茶是官场夜宴的重要内容，此画珍藏于北京故宫博物院。

宋代。茶文化大盛，既有反映宫廷文会的茶画，又有表现民间制茶、烹茶、斗茶的情景。著名茶画有钱选的《卢仝煮茶图》，刘松年的《碾茶图》《斗茶图》《茗园赌市图》，宋徽宗赵佶的《文会图》，北宋名画家王希孟的名作《千里江山图》。这些画真实、生动地表现了宋代的茶风、民情，同时又反映了宋代饮茶从物质享用到追求雅化、精神升华的理念变化。《千里江山图》在北京故宫博物院展出时，其中的茶具套组仍广受参观者喜爱。

元代。著名茶画有赵孟頫的《斗茶图》，描绘了茶人在斗茶时的生动形态；赵原创作的《陆羽品茶图》，突破了前人茶画以宫苑、文室为背景的局限，开创了表现茶人茶事在山川林泉的情景，生动自然。

明代。丁云鹏的《煮茶图》，文徵明的《林榭煎茶图》《惠山茶会图》，唐寅的《事茗图》《品茶图》，是明代仕外文人品茗吟诗作画的脱俗之作。

清代。钱惠安《烹茶洗砚图》，等等。

综上所述，从汉代到清代，我国茶画有多种茶事场景，从画宫廷贵族品饮情景，到画文人雅士以茶会友的茶会情景，再到画民间茶事情景（茶人制茶、煮茶、饮茶、斗茶的生动场面）；从室内茶画，到室外茶画。中国茶画是珍贵的茶文化瑰宝。

由于明代开始倡导散茶代替茶饼，冲泡饮茶代替煮茶、点茶，到清代散茶冲泡饮茶已普遍流行，紫砂茶具也逐渐受人青睐，茶馆也随之兴盛。一些画家也移情茶馆文化，出现了一批反映茶馆茶事风貌、世俗民情的速写，同时小说插图也纷纷面世，出现了丰富的反映近代茶文化现象的画作。

20世纪以来，一些有影响的著名画家如吴昌硕、齐白石、潘天寿、丰子恺等，也以茶为题材创作了不少佳作，增添了茶文化符号的光彩，使茶文化更加丰富绚烂。

茶馆文化给人们提供了多元化交流的广阔空间。茶馆，又称茶楼、茶坊、茶肆、茶室、茶社、茶庄，开始只有茶饮单一功能，后来逐渐开发成具有多种功能的社交场所，既是人们休闲饮茶之地，又是聚会、娱乐、交往、信息交流及洽谈交易的场所，满足不同层次人们的需求。我国晋代文艺书中已有"茶馆"出现；唐、宋茶业兴盛时期，常有说书人在茶馆说书，许多著名小说都是由说书人创造、不断加工而成的；明清饮茶之风更盛，人们在茶馆聚会享乐，康熙年间就有民谣："太平父老清闲惯，多在酒楼茶社中。"老舍先生写的名剧《茶馆》，深刻地描写出清末、民国初期的北京茶馆文化，揭示了社会变革的必然性，反映了在时代兴衰交替的变革中，各色人物的命运。茶馆在变革年代给人们提供了多元化的交流空间，成为人们获取信息和约会的地点。在20世纪20年代前后，茶社还是进行革命活动的重要地方。例如，始建于1915年的北京来今雨轩茶社，就是李大钊、恽代英、邓中夏、毛泽东等从事革命活动和传播革命思想的地方。1918年11月，李大钊在来今雨轩茶社发表了宣传十月革命胜利的著名演说《庶民的胜利》，点燃了革命志士谋求救国图存，人民解放的火种。当年的今雨轩茶社，是我国进步青年追求理想，聚会向往的地方，正如茶社大门前挂着的楹联"莫放春秋佳日过，最难风雨故人来"。于是许多进步青年与志同道合的革命同志在此聚会，传播革命思想。如今，此处珍藏的红色记忆，已成为传承红色基因，进行革命传统教育的重要基地。

六 关于茶事歌舞

　　茶文化中茶歌茶舞很有民间风味，风格欢快。我国采茶姑娘能歌善舞，在采茶时节，茶区到处可听见自编自唱的优美茶歌，可看见姑娘们载歌载舞的欢乐情景。"采茶姑娘茶山走，茶歌飞上白云头""手采茶叶口唱歌，一筐茶叶一筐歌"，生动地表述了采茶姑娘的欢快心情和茶乡的采茶风貌。

　　从古至今，茶歌多表现茶乡的山川秀美，采茶姑娘的欢乐心情及男女青年的爱慕心声，茶歌曲调优美，感情细腻，朗朗上口。唐代文学家杜牧在《题茶山》诗中，就用"舞袖岚侵涧，歌声谷答回。"描述了茶山采茶载歌载舞的生动场面。近代由金帆作词、陈田鹤作曲的《采茶灯》民歌，以轻松愉快的歌声表达了采茶姑娘丰收的喜悦，在福建武夷茶区广为流传。由周大钧作词、曾星平作曲的《龙井茶，虎跑水》，是一首名茶配名泉的赞歌，赞颂宣扬西湖龙井茶。由周大风作词作曲，具有越剧风味的《采茶扑蝶舞》和《采茶舞曲》，以龙井茶区为背景，充分反映了江南茶乡的风光山色和姑娘采茶扑蝶、与小伙子你追我赶的欢乐情景。由叶蔚林作词、诚仁作曲的《挑担茶叶上北京》，充分表达了茶乡人民对毛主席的深情热爱，歌词生动优美，曲调明快，动听感人。茶、茶歌与改革开放也有不解之缘。北京大碗茶的兴起为解决知青回城就业难的问题，开辟了一条面向市场，抓住转机，自力发展的新路。由严肃作词、姚明作曲、李谷一演唱的《前门情思大碗茶》，更是把茶歌带上了春节联欢晚会，传遍了全国。

七 关于茶事戏剧

　　我国以茶命名的戏曲剧种不少，尤其是"采茶戏"，是世界上唯一由茶事发展而来的戏曲种类。如黄梅采茶戏、赣南采茶戏、粤北采茶戏、阳新采茶戏等，流行于湖北、江西、湖南、安徽、福建、广东、广西等地的茶区，富有地方特色。这些地方戏种来源于茶区人民自创的茶歌、茶舞，后期经过进一步加工提升，是茶事歌舞与戏曲艺术互相吸收、融合、创新出的综合艺术形式，风情并茂，很受民众欢迎。例如，最著名的黄梅采茶戏，便融合了打花鼓、唱茶歌、踩高跷等多种民间艺术，丰富多彩，很吸引人。富有特色、招人喜欢的黄梅戏，也是在黄梅采茶戏的基础上进一步发展演变而成的。黄梅采茶戏是在黄梅县流行的山歌、采茶小调的基础上发展而成的民间戏曲，反映茶事文化的剧目有《送茶香》等。赣南茶戏中有《姐妹摘茶》《送哥卖茶》《九龙山采茶》等。

　　茶与戏曲的渊源，可以从唐代陆羽说起，因为陆羽有过一段演戏的经历。历史上以茶为题材或情节与茶有关（表现采茶、煮茶、点茶、敬茶等情节）的戏剧很多，宋代元南戏《寻亲纪》中有一场"茶访"；元代王实甫的《苏小卿月夜贩茶船》；明代著名戏剧家汤显祖的代表作《牡丹亭·劝农》，写了杜丽娘之父、太守杜宝下乡劝农，其中有表现采茶、烹茶和斗茶的情景，台词中："只因天上少茶星，地下先开百草精。闲煞女郎贪斗草，风光不似斗茶清。"明代具有代表性与茶有关的剧目还有计自昌编剧的《水浒记·借茶》、高濂编剧的《玉簪记·茶叙》、王世贞编剧的《凤鸣记·吃茶》；清代孔尚任的《桃花扇》中也有一场"劝农"，还有洪昇编剧的《四婵娟·斗茗》；近代著名剧作家田汉创作的《环璘珴与蔷薇》中，也有煮茶、奉茶的场面，还有高宜兰等挖掘整理成的戏剧《茶童歌》，程学开、许公炳编剧的《茶圣陆羽》，王旭烽编剧的《中国茶谣》《六羡歌》等。

更值得关注的是老舍先生编剧的《茶馆》，该剧将茶事与时政变革结合起来，将茶剧的内容与格局提升到了一个新高度，成为话剧中的经典。现代京剧《沙家浜》的剧情就是在阿庆嫂开设的春来茶馆中展开的。中央电视台、中国茶叶进出口公司、上海敦煌国际文化艺术公司联合摄制的电视专题纪录片《中华茶文化》，央视频道六集大型纪录片《茶，一片树叶的故事》等不断出台。茶事戏剧层出不穷，呈现出既多又广的局面，茶事戏剧不断发扬光大，经久不衰。

八　关于茶与健康

　　人类发现茶的重要价值，是从药饮开始的。几千年的饮茶历史和研究成果证明，饮茶有益于健康。无论从物质享用层面，还是从精神享受层面，茶已成为世界人民普遍喜爱的健康饮料。如今全球已有60多个国家（地区）生产茶，已有30多亿人饮用茶。

　　从古至今，国内国外，对茶的药效和保健功能，多有肯定论述。唐代《茶经》称："茶之为饮，发乎神农氏。""茶之为用，……若热渴、凝闷、脑疼、目涩、四肢烦、百节不舒、聊四五啜，与醍醐甘露抗衡也。"明代李时珍在《本草纲目》中说："茶苦而寒，最能降火，火为百病，火降则上清矣。温饮则火因寒气而降，热饮则茶借火气而升散，又兼解酒食之毒，使人神居闿爽，不昏不睡，此茶之功也。"日本高僧荣西在《吃茶养生记》中说："茶乃养生之仙药，延龄之妙术。山谷生之，其地则灵。人若饮之，其寿则长。"孙中山先生在《建国方略》中也提到茶，他说："就茶言之，是最合卫生、最优美的人类饮料。"荷兰人说："茶可以治病，可以使人长寿。"英国人说："茶是一个能促进世界发生改变的重要物质。"把茶誉为"绿色黄金。""茶是能上瘾，但无害，较温和的有益饮料。""茶是最能普遍性受欢迎的伟大饮料。"现代社会公认，茶是国际上六种最好的保健品之首。复旦大学生命科学学院最新研究成果表明，茶是最有效打通经络的安全饮品，喝茶有益健康。哈佛大学免疫学者研究发现，每天喝茶的人体内会产生大量的抗病毒干扰素，其含量可达不喝茶的人的10倍，可以有效帮助人体抵抗流感、减轻食物中毒，甚至防肺结核等症状。

现代研究证明，茶叶中含有丰富的营养成分和多种对人体健康有益的药效成分。如茶多酚、儿茶素（茶单宁）、氨基酸、茶多糖、咖啡因、维生素、黄酮醇、皂苷、色素、芳香物质、矿质元素、纤维素等，可以帮助人体预防和治疗某些疾病。笼统地说，茶可止渴生津，清热解毒，消食降脂，助消化，洁口防龋，提神醒脑，防乏解困，清心明目，杀菌消炎，降血压，降血糖，抗氧化，抗辐射，抑制动脉硬化，抑制血栓形成，改善血管功能，降低胆固醇，预防维生素C缺乏症，抗突变，抗癌，等等。这都是有关茶叶成分的保健和药效功能。当然，茶叶因品种、产地、加工方法不同，呈现出的茶性也有所不同，对人体的功效作用也有所差异。每个人的身体状况和爱好不同，对茶的需求也不同。例如，有的人需消食，有的人需暖胃；有的人爱清香，有人喜浓郁；有人要提神，有人怕失眠。所以，人们饮茶往往要根据地域特点、季节变化（春、夏、秋、冬）、人体状况和爱好特点，对饮茶种类进行选择，以取得更好的保健和舒适效果。饮茶要因地、因时、因人制宜。科学辨茶、饮茶，有益健康。

从文化层面，饮茶有助于身心愉悦，有助于调整心态，心态好是人健康长寿的重要因素。有研究成果说保健养生六个字：健康、快乐、长寿，三者密切相关，快乐尤为重要。茶与文化有不解之缘。在中国上下五千多年的历史长河中，一共有335位皇帝，他们虽享尽荣华富贵，但近一半的帝王都未活过50岁，他们平均寿命只有39岁，活到80岁以上的只有5位皇帝。清高宗弘历，就是乾隆皇帝，是高寿皇帝之一，他享年89岁。乾隆并不迷信所谓的"灵丹妙药"，他长寿的养生之道，其中一项就是饮茶。据传乾隆皇帝在位的60年，在84岁高龄宣布退位时，有大臣劝阻道："国不可一日无君啊！"乾隆皇帝悠然自得地端起茶杯曰："君不可一日无茶也！"一句话道出了他对茶的挚爱。乾隆嗜茶，他对茶品、茶产地、采茶、煮茶、用水、火候把握及茶事器皿都很关注，也都有深入研究。相传他专设了一个称水的秤，将各地取来的水分别称重后，选取最轻的水来沏茶。因大臣说质量越轻的水水质越好，泡茶口感最佳，有益健康。乾隆皇帝还将其研究茶、饮茶的心得以诗歌的形式表达出来，与人共享。例如，他在冬雪天举办宫廷茶宴时，就留有《烹雪》诗为证。

烹 雪

清·乾隆皇帝

瓷瓯瀹净羞琉璃，石铛敲火然松屑。

明窗有客欲浇书，文武火候先分别。

瓷中探取碧瑶瑛，圆镜分光忽如裂。

莹彻不减玉壶冰，纷零有似琼华缬。

驻春才入鱼眼起，建城名品盘中列。

雷后雨前浑脆软，小团又惜双鸾坼。

独有普洱号刚坚，清标未足夸雀舌。

点成一碗金茎露，品泉陆羽应惭拙。

寒香沃心欲虑蠲，蜀笺端研几间设。

兴来走笔一哦诗，韵叶水霜倍清绝。

有人说乾隆爱写诗，写得多，但文字不太流畅，不那么朗朗上口，不易于传诵，所以流传不广。但乾隆的诗写的是他的认识，感受较实在，有感情，做到了品茶与茶文化相融，是珍贵的历史资料，文化遗产。

主要参考文献

陈宗懋，甄永苏，茶叶的保健功能 [M] . 北京：科学出版社.

程启坤，2017. 陆羽《茶经》简明读本 [M]. 北京：中国农业出版社.

程启坤，2017. 陆羽《茶经》简明读本 [M] . 北京：中国农业出版社.

王黎明，2021. 生活里的茶 [M]. 北京：中国农业出版社.

我国茶叶机械拥有量及茶叶机械化生产统计资料 [N]. 全国农业机械化统计年报.

吴觉农，2005. 茶经述评（第二版）[M]. 北京：中国农业出版社 .

姚国坤，2015. 惠及世界的一片神奇树叶——茶文化通史 [M]. 北京：中国农业出版社.

浙江省长兴县茶文化研究会编，2021. 紫笋茶的前世今生 [M] . 北京：中国农业出版社.

中国农业年鉴编辑委员会，2019. 全国及各省茶园面积及茶叶产量统计资料 [J]. 中国农业年鉴.

周国富，姚国坤，2019. 世界茶文化大全（上、下）[M]. 北京：中国农业出版社.

后　记

2020年10月，83岁的我住院手术。出院后虽经几个月康复后，但因在新冠肺炎疫情期间，仍不能外出。老闲着对身体并不好，我总想找点事，干点活。2021年3月，我到办公室，看到以前调研时收集的一些茶资料，又到图书馆看到书架上的《茶经》及解读本，引起了我对茶的兴趣。3月26日在《人民日报》上看到习近平总书记视察福建武夷山生态茶园时，作出了"要统筹做好茶文化、茶产业、茶科技这篇大文章"的重要指示，受到极大鼓舞。激励我在疫情期间用充足的时间来认真研读《茶经》，研究中国的茶文化和茶产业。

刚开始只是看《茶经》及翻阅有关资料，写一些学习笔记，并未想出书，慢慢有了一些心得体会，与前人的解读不同，我逐渐认识到这是各人的感悟、见解有所不同，如果把个人感悟整理出来与大家分享，可能对正确理解原著总结的经验、倡导的精神、写作的时代背景、发展的时代脉络及联系当今实际，对传承、发展、弘扬我国茶文化、茶产业会有帮助。于是我就开始了由读《茶经》到写《茶悟——从＜茶经＞谈开来》（以下简称《茶悟》的学研历程。人们在行茶事中，应努力悟茶道，享茶缘，得茶福。终于在2022年6月初，我将全部书稿的电子版送中国农业出版社审校出版，献给有缘之人。

在此期间，我还先后给福建省委、省政府，四川省发改委，四川省雅安市委、市政府领导写了发展茶产业、茶文化的建议信，努力做一些对推进茶业发展有益的事。建议信均引起有关领导重视，得到肯定回复，为助力茶业发展出力，颇感欣慰。

但年岁大了，此书能问世，得益于家人、亲友、学生，以及许多有缘人的帮助支持。首先是家人，这是第一关。我老伴周凤娟对我出院后写书先是反对，后才支持。看到我专心看书，写书很累，有时也顾不上吃饭时，就会心疼、反对，说我是自己找累受，找苦吃，我对她说不累、不苦，过得很开心。当写完总论、四大茶区、七大茶类、区域特色、煮茶饮茶和茶的故事传说后，我就把写好的部分给老伴看，请她提意见。她看得很认真、很仔细，发现问题就把那一页折起来，她越看越感兴趣，说值得看，很受益，此后就转变态度，支持我写下去了。我又把写好的部分给女儿白莹、儿子白为民看，还将电子版传给在美国攻博的孙子白雨龙看。他们看后都很赞赏、支持，把感受和发现的问题也及时告诉我。白莹在文稿打印、文献查阅以及联系出版事宜等方面，都给予了很大帮助。家里和谐的氛围为我坚持写作提供了很大的帮助。

春节期间，学生来看我和老伴，我们也一起品茶、谈茶。谈得高兴时，我把《茶悟》打印稿给学生看。他们往往爱不释手，带回去看，看得都很认真、仔细，还把发现的问题都按页码记下来反馈给我，并用书面（或微信）写了中肯的意见和建议，有的还在建议的同时提供了相应的参考资料，一致期望此书早日出版。这些意见和建议使我倍感亲切，大都采纳了，对书稿做了修改、补充、完善。如参考韩小军、杨敏丽的建议和提供的参考资料，增写了《中国茶与中美交往的历史事件》的故事；参考方宪法标写出的错别字和标点符号，一一做了修改；吸取了杨晓东的建议，在"行茶事、悟茶道、享茶缘"的基础上，加了"得茶福"；白雨龙发现"前言"中有错别字，将"总论"打成了"总纶"，帮助我及时做了更正。我与《茶悟》的第一批读者：周凤娟、白莹、白为民、韩小军、方宪法、白雨龙、宋毅、马雯秋，就是这样亲切沟通、交流的。可以说，《茶悟》凝聚了亲友的关心和付出。

好友宋毅（原中国农机安全报社社长，原中国农业出版社副总编辑，现任《优质农产品》月刊执行总编辑），知道我在写茶书后，特意送了我5本由中国农业出版社出版的茶著参考。在看了我写的茶故事、传说后，在《优质农产品》上开辟了白人朴教授讲茶故事专栏，从2021年11月起，每期连续刊载茶故事1-3则。并在发文时写道："桃李满天下的著名农业机械化发展战略研究专家白人朴老教授，近年来对中国茶和茶文化进行了深入研究，写出了几万字有独到见解的感悟。本刊陆续刊登白教授撰写的茶故事。"此栏一出，引起业界广泛关注和较大反响。2021年11月，正在农业农村部开会的田志宏教授，在网上看到《白人朴教授讲茶故事：西湖龙井与18棵御茶树》一文时，惊喜地在微信朋友圈上发问，"是咱导师吗？"很多人没想到我会写茶专题方面的文章。其实我以前在进行农机化发展区域特色调研时，对福建、安徽、云南、浙江等省份茶区的茶业机械化就很关注，积累了一些感受和资料。特别是2012年9月，应安徽省农机局邀请对安徽省农业机械化进行调研时，就重点调研了黄山市茶区茶业机械化情况。在给省委、省政府写的调研报告中，提出了安徽特色的农业机械化发展格局是："重点粮油茶，布局三大片。抓好了粮油茶这三个重点，就抓住了安徽农业机械化发展的关键。做好了粮油茶生产全程机械化工作，就统领了安徽农业机械化发展大局。而皖南和大别山主要茶产区，就是发挥茶优势，开发支柱产业的重点地区。"这篇报告引起了省委、政府领导高度重视，时任省委书记的张宝顺的亲笔批示："白教授的调研翔实，很有见地。请卫国、省农委参阅。"卫国是安徽省分管农业的副省长梁卫国。在写《茶悟》时，以前调研的感受和资料都发挥了作用。宋毅和洪惠蓉（中国优质农产品开发服务协会优质茶分会会长）还提供了几十张图片供《茶悟》出书选用。好友刘先香女士（香子，青岛洪珠马铃薯机械有限公司董事长）为出书提供了资助。止在练书法的杜学振博士，大天练笔，为此书封面写了"茶悟"二字。还值得一提的是，杨敏丽教授团队的8位学生：潘纪凤、解普实、彭海洋、计鹏飞、林嘉豪、张翔、彭健、刘鹏伟，他们自愿承担了此书文稿繁重的打印工作，还拒收劳务费。潘纪凤代表他们表示，"非常感谢老师给我们提供了了解茶知识的机会，在参与过程中我们只是尽了绵薄之力，但学到了很多知识。"他们的辛勤努力，既保证了在疫情期间此书能按期交稿，在某种意义上又展示了他们各人的能力、人品和精神面貌，使我看到新一代学子的健康成长，我由衷地感到高兴。李世峰研究员为联系此书出版事宜，付出了不少努力。特别感谢学校财务处卢韬、李新宇等同志，对《茶悟》出版事宜的大力支持和辛勤努力。总之，《茶悟》的问世，是众望多助，得到了多方面、多种方式的支持和帮助，是集大家的努力所成。在此，向所有给予此书帮助、支持的人，致以最诚挚的敬意和衷心的感谢！

我国是世界第一产茶大国，是茶的发源地。茶文化历史悠久。按"要统筹做好茶文化、茶产业、茶科技这篇大文章"的要求，《茶悟》在突破茶书就茶论茶方面还嫌欠缺，在国际研究，四大茶区、七大茶类、茶产业、茶文化如何适应构建国内国际双循环相互促进的新发展格局研究不够，如何适应共建"一带一路"共享发展机遇研究不够。本想再写一章中国茶传播世界，既梳理从古至今茶产业、茶文化发展的历史脉络，又展望新时代的发展趋向和前景，实事求是地陈述出中国茶产业、茶文化对世界的贡献！但年过八五，已感力不从心，心有余而力不足。特寄希望于高人，相信定会有高人能担此重任，努力完成此历史使命。如在有生之年能看到中国茶传播世界的专文或专著问世，当深感欣慰，十分感谢！科学研究无止境，茶业发展无止境，需要一代一代人不懈探索前进。期待业界同仁的共同努力，从战略高度在我国茶业发展思路和格局上寻求新突破，在茶书编写上呈现新篇章。

　　最后，衷心地感谢中国农业出版社胡乐鸣总编辑，期刊出版分社社长张丽四，本书责编程燕和营销部同志，对《茶悟》出版和营销的大力支持和辛勤付出。不辱使命，有责任担当，合作愉快！谢谢！

2022年6月18日